JEC-6150-2000

電気学会　電気規格調査会標準規格

電気絶縁材料の誘電率および誘電正接試験方法通則

緒　　言

1. 改訂の経緯と要旨

　電気絶縁材料の誘電正接および誘電率試験方法標準特別委員会ではこのたび「電気絶縁材料の誘電率および誘電正接試験方法通則」の内容が検討され，全面的に編集し直した規格が制定されたので，その概要を紹介する。

　本規格は，1991年に制定された**JEC-6150-1991**(電気絶縁材料の誘電率および誘電正接試験方法通則)の改訂版である。本規格は当時の測定技術を十分に取り入れ網羅した労作であるが，若手の電気技術者が増加するに連れてその内容を十分に理解するのに手間がかかる実態が見受けられ，このような傾向がこれからますます増大することが懸念された。そこで，これらの技術者がそれぞれを体系的に理解し，試験できるように本規格を全面的に改定すべく，再編成した「電気絶縁材料の誘電正接および誘電率試験方法標準特別委員会」において，1997年10月に調査に着手し，慎重審査の結果，1999年11月に成案を得，2000年1月25日に電気規格調査会委員会総会の承認を得て，同調査会の標準規格として制定を見るに至った。

　改訂の要点は次の通りである。

(1)　読者が読みやすくまた理解することができることを念頭に置き，記載方法の全面的見直しを行った。即ち本文のそれぞれの文章に記載された（解説 x）（参考 y）の位置に巻末のそれぞれの（解説 x）（参考 y）の文章を挿入することによって，その本文の内容を総合的に理解できるようにした。これは今までのようにその都度巻末の解説や参考をめくっていてはその頻度があまりに多いために，その箇所全体を理解することが困難であったためである。このようにすることによって，全面的見直しも容易に行われることが確認された。したがって初心者のための入門書あるいは技術文献としての役割を果たすことを目標にした。

(2)　引用規格には1998年9月現在でその最新の西暦年を表示し，また規格名も現行の表現で示した。JISに関しては，多くの規格が廃止されているため，それらを除外した。

(3)　本文中に示された技術用語のうちあまり使用されていないもの，たとえば共役シェーリングブリッジ等は割愛した。

(4)　測定装置の進歩を考慮して，表1代表的測定方法と測定周波数範囲の中でインピーダンスメータや共振法における周波数範囲を拡張した。

(5)　本文中の理解しにくい日本語の表現をわかりやすい表現に改めたり，ミスプリントの電気記号や単語等を注意深く訂正した。

(6)　1991年以降，電気絶縁材料の誘電率および誘電正接試験方法の本流は**JEC-6150**-1991に集約された内容と大差なく，たとえば**IEC 60250**-1969は現在でもそのまま適用されているので，1999年において特に新たに追加すべき新しい試験方法は規定されなかった。

2. 引用規格

IEC 60250-1969	"Recommended Methods for the Determination of the Permittivity and Dielectric Dissipation Factor of Electrical Insulating Materials at Power, Audio and Radio Frequencies Including Metre Wavelength."
ASTM D150-1995	"Test Methods for A-C Loss Characteristics and Permittivity (Dielectric Constant) of Solid Electrical Insulating Materials."
ASTM D374-1994	"Test Methods for Thickness of Solid Electrical Insulation."
ASTM D618-1996	"Practice for Conditioning Plastics and Electrical Insulating Materials for Testing."
ASTM D923-1991	"Test Method of Sampling Electrical Insulating Liquids."
ASTM D924-1991	"Test Method for Dissipation Factor (Power Factor) and/or Relative Permittivity (Dielectric Constant) of Electrical Insulating Liquids."
ASTM D1531-1995	"Test Method for Relative Permittivity (Dielectric Constant) and Dissipation Factor by Fluid Displacement Procedures."
JIS C 2101-1993	電気絶縁油試験方法
JIS C 2103-1991	電気絶縁用ワニス試験方法
JIS C 2111-1995	電気絶縁紙試験方法
JIS C 2141-1992	電気絶縁用セラミック材料試験方法
JIS C 2307-1995	電力ケーブル用絶縁紙
JIS C 2318-1997	電気用ポリエチレンテレフタレートフィルム
JIS C 6481-1996	プリント配線板用銅張積層板試験方法
JIS K 2240-1991	液化石油ガス（LPガス）
JIS K 2251-1991	原油および石油製品試料採取方法
JIS K 2420-1993	芳香族製品およびタール製品試料採取方法
JIS K 6911-1995	熱硬化性プラスチック一般試験方法
JIS K 6918-1995	ジアリルフタレート樹脂成形材料

3. 対応国際規格

IEC 60250-1969	"Recommended Methods for the Determination of the Permittivity and Dielectric Dissipation Factor of Electrical Insulating Materials at Power, Audio and Radio Frequencies Including Metre Wavelength."

4. 標準特別委員会

委員会名：電気絶縁材料の誘電正接および誘電率試験方法標準特別委員会

委員長	安福	幸雄	（東京電機大学）	委員	北井	茂	（住友電気工業）
幹事	山野	芳昭	（千葉大学）	同	木村	健	（三菱電機）
委員	浅井	博文	（総研電気）	同	中尾	由明	（河川情報センター）
同	井上	良之	（東芝）	同	仲神	芳武	（富士電機総合研究所）
同	柿本	章	（静岡大学）	同	丸山	義雄	（古河電気工業）

委　　員	山本　喜万	(山崎産業)	委　　員	渡辺　英紀	(東京都立大学)

5. 部　　会

委員会名：電気材料部会

委員長	日野　太郎	(神奈川大学)	1号委員	東村　　豊	(日立製作所)
幹　事	大木　義路	(早稲田大学)	同	前田　孝夫	(富士電機総合研究所)
同	山野　芳昭	(千葉大学)	2号委員	金子　　剛	(電気安全環境研究所)
1号委員	門谷　建蔵	(日立化成工業)	同	小林　繁雄	(新潟工業短期大学)
同	木村　　健	(三菱電機)	同	中田　高義	(関東学院大学)
同	木村　人司	(古河電気工業)	同	増田　雄彦	(富士電機総合研究所)
同	後藤　一敏	(東　芝)	同	安福　幸雄	(東京電機大学)
同	高橋　　亨	(フジクラ)	同	渡辺　英紀	(東京都立大学)

6. 電気規格調査会

会　長	関根　泰次	(東京理科大学)	2号委員	小山　茂夫	(日本大学)
副会長	大野　榮一	(三菱電機)	同	上田　睆亮	(京都大学)
同	鈴木　俊男	(電力中央研究所)	同	豊田　淳一	(八戸工業大学)
理　事	今駒　　嵩	(日本ガイシ)	同	白取　健治	(運輸省)
同	岩田　善輔	(古河電気工業)	同	大和田野芳郎	(電子技術総合研究所)
同	奥村　浩士	(学会調査担当副会長)	同	江川健太郎	(東日本旅客鉄道)
同	尾崎　康夫	(学会調査理事)	同	藤田　勝史	(北海道電力)
同	尾崎　之孝	(東京電力)	同	木村　　喬	(東北電力)
同	尾関　雅則	(日本鉄道電気技術協会)	同	長坂　秀雄	(北陸電力)
同	楠井　昭二	(日本工業大学)	同	河津譽四男	(中部電力)
同	佐々木宜彦	(資源エネルギー庁)	同	細田　順弘	(中国電力)
同	高井　　明	(富士電機)	同	高島　　弘	(四国電力)
同	田里　　誠	(東　芝)	同	緒方　誠一	(九州電力)
同	中西　邦雄	(横浜国立大学)	同	山田　生實	(安川電機)
同	中村　　亨	(明電舎)	同	三宅　敏明	(松下電器産業)
同	八田　　勲	(工業技術院)	同	福田　達夫	(横河電機)
同	日野　太郎	(神奈川大学)	同	林　　幹朗	(日新電機)
同	布施　和夫	(電源開発)	同	鈴木　兼四	(住友電気工業)
同	河合　忠雄	(日立製作所)	同	吉田昭太郎	(フジクラ)
同	村上　陽一	(日本電機工業会)	同	水野　幸信	(帝都高速度交通営団)
同	八木　　誠	(関西電力)	同	服部　正志	(新日本製鐵)
1号委員	奥村　浩士	(学会調査担当副会長)	同	鈴木　英昭	(日本原子力発電)
同	尾崎　康夫	(学会調査理事)	同	福島　　彰	(日本船舶標準協会)
2号委員	荒井　聰明	(東京電機大学)	同	浅井　　功	(日本電気協会)
同	堺　　孝夫	(武蔵工業大学)	同	飯田　　眞	(日本電設工業協会)

2号委員	廣田 泰輔	（日本電球工業会）		3号委員	松瀬 貢規	（パワーエレクトロニクス）
同	新畑 隆司	（日本電気計測器工業会）		同	河本康太郎	（工業用電気加熱装置）
3号委員	岡部 洋一	（電気専門用語）		同	稲葉 次紀	（ヒューズ）
同	徳田 正満	（電磁両立性）		同	西松 峯昭	（電力用コンデンサ）
同	小金 実	（電力量計測・負荷制御装置）		同	河野 照哉	（避雷器）
同	中邑 達明	（計器用変成器）		同	布施 和夫	（水　車）
同	佐藤 中一	（電力用通信）		同	坂本 雄吉	（架空送電線路）
同	河田 良夫	（計測・制御および研究用機器の安全性）		同	尾崎 勇造	（絶縁協調）
同	平山 宏之	（電磁気量計測器）		同	高須 和彦	（がいし）
同	辻倉 洋右	（保護リレー装置）		同	芹澤 康夫	（短絡電流）
同	猪狩 武尚	（回転機）		同	岡 圭介	（活線作業用工具・設備）
同	杉本 俊郎	（電力用変圧器）		同	日野 太郎	（電気材料）
同	中西 邦雄	（開閉装置）		同	岩田 善輔	（電線・ケーブル）
同	河村 達雄	（ガス絶縁開閉装置，標準電圧，高電圧試験方法）		同	尾関 雅則	（鉄道電気設備）

JEC-6150-2000

電気学会　電気規格調査会標準規格

電気絶縁材料の誘電率および誘電正接試験方法通則

目　次

1. 適用範囲 …………………………………………………………………………… 7
2. 用語の意味 ………………………………………………………………………… 7
3. 測定における基本事項 …………………………………………………………… 9
   3.1 等価回路 ……………………………………………………………………… 10
   3.2 測定方法の選択 ……………………………………………………………… 12
4. 試験条件 …………………………………………………………………………… 16
   4.1 周波数 ………………………………………………………………………… 16
   4.2 電圧 …………………………………………………………………………… 16
   4.3 温度 …………………………………………………………………………… 17
   4.4 湿度 …………………………………………………………………………… 17
5. 測定装置および器具 ……………………………………………………………… 18
   5.1 電極 …………………………………………………………………………… 18
   5.2 測定回路 ……………………………………………………………………… 24
   5.3 標準 …………………………………………………………………………… 27
6. 試料 ………………………………………………………………………………… 33
   6.1 固体試料 ……………………………………………………………………… 33
   6.2 液体試料 ……………………………………………………………………… 34
7. 試験方法 …………………………………………………………………………… 36
   7.1 各種ブリッジ法 ……………………………………………………………… 36
   7.2 インピーダンス・メータ法 ………………………………………………… 44
   7.3 Qメータ法 …………………………………………………………………… 45
   7.4 容量変化法 …………………………………………………………………… 47
   7.5 間げき変化法 ………………………………………………………………… 48
   7.6 液体置換法 …………………………………………………………………… 49
   7.7 測定法の組合せ ……………………………………………………………… 50
   7.8 液体試料の測定 ……………………………………………………………… 52
8. 記録方法 …………………………………………………………………………… 54

参 考 目 次

 参考 1. 誘 電 損 …………………………………………………………………………9
 参考 2. 比誘電率および誘電正接の特性 ……………………………………………9
 参考 3. 界 面 分 極 ………………………………………………………………16
 参考 4. 広帯域用二端子マイクロメータ電極 ……………………………………18
 参考 5. 抵抗体の等価回路 …………………………………………………………29
 参考 6. 標 準 液 の 例 ………………………………………………………………31
 参考 7. 標準固体試験片の例 ………………………………………………………33
 参考 8. 電極容器の前処理 …………………………………………………………35
 参考 9. Qメータの原理による広帯域インピーダンスメータの例 ……………46
 参考10. 試験結果の記録および報告事項 …………………………………………54

解 説 目 次

 解説 1. 空気の比誘電率と真空の誘電率 …………………………………………7
 解説 2. 測定回路の方式―並列置換法と直列置換法 ……………………………12
 解説 3. 二端子法と三端子法 ………………………………………………………14
 解説 4. ガード，遮へいおよび接地 ………………………………………………14
 解説 5. ガード付電極の実効面積 …………………………………………………19
 解説 6. 固体試料用電極の材料・形成法・取扱い ………………………………22
 解説 7. 液体置換法用セル …………………………………………………………22
 解説 8. 平 衡 回 路 ………………………………………………………………27
 解説 9. 半 値 幅 容 量 ………………………………………………………………30
 解説10. 液体試料の取扱い …………………………………………………………35
 解説11. コンダクタンスシフタおよびタップ付き変成器 ………………………39
 解説12. 電流比較形変成器ブリッジ ………………………………………………41
 解説13. 演算増幅器を用いたブリッジ ……………………………………………41
 解説14. 抵抗比例辺ブリッジ ………………………………………………………41
 解説15. 多相電源ブリッジ …………………………………………………………43
 解説16. 並列T形ブリッジ …………………………………………………………43
 解説17. Qメータによる並列置換測定 ……………………………………………46
 解説18. 半値幅を2回測定する方法 ………………………………………………48
 解説19. 比誘電率の異なる2種類の液体を用いる方法 …………………………50
 解説20. 組 合 せ の 例 ………………………………………………………………51
 解説21. 固 体 置 換 法 ………………………………………………………………52
 解説22. 三端子セルを用いた測定の確度 …………………………………………53
 解説23. 二端子セルを用いた測定の確度 …………………………………………53

JEC-6150-2000

電気学会　電気規格調査会標準規格

電気絶縁材料の誘電率および誘電正接試験方法通則

1. 適 用 範 囲

この試験方法は，固体および液体絶縁材料の誘電率および誘電正接を0.1Hzから300MHzまでの周波数範囲内で試験する場合に適用する。

2. 用 語 の 意 味

2.1 静電容量

真空中におかれた互いに独立した一対の導体(電極)間に電圧V(V)を印加すると，各電極にそれぞれ正負等量の電荷が帯電する。その電気量Q_o(C)は印加電圧Vに比例し，

$$Q_o = C_o V \quad \cdots\cdots\cdots(1)$$

で示される。

比例定数C_oは一対の電極が真空中に存在するときの静電容量であり，単位はファラッド(F)＝クーロン(C)/ボルト(V)である。

同様の電極を誘電体中におき，その間に電圧V(V)を印加したとき，一対の電極に帯電する電気量Q(C)と印加電圧Vとの間の関係は，

$$Q = C_x V \quad \cdots\cdots\cdots(2)$$

と表される。

比例定数C_xは一対の電極が誘電体中におかれたときの静電容量であり，単位はファラッド(F)である。

2.2 比誘電率

一対の電極を誘電体中においたときの静電容量C_xと同一の電極を真空中においたときの静電容量C_oとの比，

$$\varepsilon_r = \frac{C_x}{C_o} \quad \cdots\cdots\cdots(3)$$

を電極間を満たしている誘電体の比誘電率という(**解説 1**)。

 解説 1. 空気の比誘電率と真空の誘電率

  23℃，1気圧の乾燥した空気の比誘電率は1.000536で1に極めて近い。したがって，大気中，常温における特に高確度を要しない測定では，空気の比誘電率は1とみなされる。

  真空中の比誘電率は，電極間隔が単位長の無限平行平板電極が真空中に存在するとき，その単位面積当たりの静

電容量に相当する。

また，真空中の光の速度をcとすれば，

$$c = \frac{1}{\sqrt{\varepsilon_o \cdot \mu_o}} \text{ (m/s)} \quad \cdots\cdots\text{(解1)}$$

の関係にある。ここで，μ_oは真空の透磁率($4\pi \times 10^{-7}$ H/m)である。

2.3 誘電率

比誘電率ε_rと真空の誘電率ε_oとの積，

$$\varepsilon = \varepsilon_o \varepsilon_r \quad \cdots\cdots(4)$$

を誘電体の誘電率という。

真空の誘電率ε_oはおよそ，

$$\varepsilon_o = 8.854 \times 10^{-12} \text{ (F/m)} \quad \cdots\cdots(5)$$

である。

2.4 複素比誘電率

完全導体で作られた電極が真空中におかれた状態で構成されるキャパシタに，角周波数ω(rad/s)の正弦波交流電圧$\dot{V}$を印加したとき，

$$\dot{I}_o = j\omega C_o \dot{V} \quad \cdots\cdots(6)$$

の電流が流れる。ここで，jは虚数単位である。

また，同一の電極を誘電体中におき，同一交流電圧を印加したとき，

$$\dot{I} = j\omega \dot{C} \dot{V} \quad \cdots\cdots(7)$$

の電流が流れる。

$\dot{I}_o$と$\dot{I}$の比をε^*とおくと，

$$\frac{\dot{I}}{\dot{I}_o} = \frac{\dot{C}}{C_o} = \varepsilon^* = \varepsilon' - j\varepsilon'' \quad \cdots\cdots(8)$$

と表すことができる。ε^*を複素比誘電率と呼び，ε^*とε_oとの積を複素誘電率という。ε'は，

$$\varepsilon' = \varepsilon_r \quad \cdots\cdots(9)$$

の関係にある。また，ε''を誘電損率という。

2.5 誘電損角

複素誘電率の項における$\dot{V}$の位相に対する$\dot{I}$の位相の進み角を$\pi/2$(rad)から引いた値を誘電損角(δ)という。

また，$\dot{V}$の位相に対する$\dot{I}$の位相の進み角を誘電位相角(ϕ)という。誘電損角(δ)と誘電位相角(ϕ)との間には，

$$\phi = \frac{\pi}{2} - \delta \quad \cdots\cdots(10)$$

の関係がある。

また，誘電位相角ϕの余弦($\cos\phi$)は，皮相電力(電極間における電圧と電流の実効値の積)$V \cdot I$に対する有効電力(電極間の誘電体中で消費される電力，すなわち誘電損)W_Dの比に等しく，

$$\cos\phi = \frac{W_D}{VI} \quad \cdots\cdots(11)$$

の関係があり，$\cos\phi$を誘電力率という。

2.6 誘電正接

誘電損角(δ)の正接を誘電正接($\tan\delta$)という。

$$\tan\delta = \frac{\varepsilon''}{\varepsilon'} = \frac{\varepsilon''}{\varepsilon_r} \quad \cdots\cdots\cdots(12)$$

の関係がある(**参考1**)。したがって，誘電損率ε''は比誘電率ε_rと誘電正接$\tan\delta$の積に等しい。また，$\tan\delta$の逆数をQと呼ぶ。

参考 1．誘電損

誘電損(W_D)は，誘電体に角周波数ωの交番電界(実効値E)を印加したときに誘電体の内部に生じる単位時間当たりの損失であり，

$$W_D = \omega\varepsilon''E^2 = \omega\varepsilon_r\tan\delta E^2 \quad (\text{J/m}^3) \quad \cdots\cdots\cdots(\text{参}1)$$

で表される。1サイクル中での損失は，

$$W_{D1} = \frac{2\pi}{\omega}\omega\varepsilon_r\tan\delta E^2$$

$$= 2\pi\varepsilon_r\tan\delta E^2 \quad (\text{J/m}^3) \quad \cdots\cdots\cdots(\text{参}2)$$

また，誘電体中に蓄積される最大エネルギーは

$$W_E = \frac{\varepsilon_r(\sqrt{2}E)^2}{2} = \varepsilon_r E^2 \quad (\text{J/m}^3) \quad \cdots\cdots\cdots(\text{参}3)$$

である。

したがって，

$$\frac{W_{D1}}{W_E} = \frac{2\pi\varepsilon_r\tan\delta E^2}{\varepsilon_r E^2}$$

$$= 2\pi\tan\delta \quad \cdots\cdots\cdots(\text{参}4)$$

である。すなわち，誘電正接$\tan\delta$は交番電界中におかれた誘電体の最大蓄積エネルギーに対する消費エネルギーの比に比例する。

3. 測定における基本事項

比誘電率および誘電正接を正確に測定するためには，以下本章に述べる基本的な事項を十分理解した上で，測定方法(測定装置，回路方式，電極構成など)を選択しなければならない。

また，測定条件の設定あるいは測定結果の解析を行う際には，絶縁材料の比誘電率および誘電正接の特性(**参考2**)に関する基礎的な知識を備えていることが望ましい。

参考 2．比誘電率および誘電正接の特性

1.1 誘電緩和(誘電分散および誘電吸収)の影響

誘電体内の双極子の配向による分極(配向分極)が印加電圧による電界の変化に追従できる比較的低い周波数領域では，比誘電率ε_rは周波数に依存せず一定の値を示すが，周波数が高くなり，分極が電界の変化に追従できなくなると，**参考図1**(a)に示すように，電気分極は低い周波数における値よりも小さくなり，ε_rも小さい値に移行する。この現象を誘電分散という。また，このとき誘電正接$\tan\delta$は**参考図1**(b)に示すように極大となる。この現象を誘電吸収と呼び，前述の誘電分散と併せて誘電緩和と総称される。

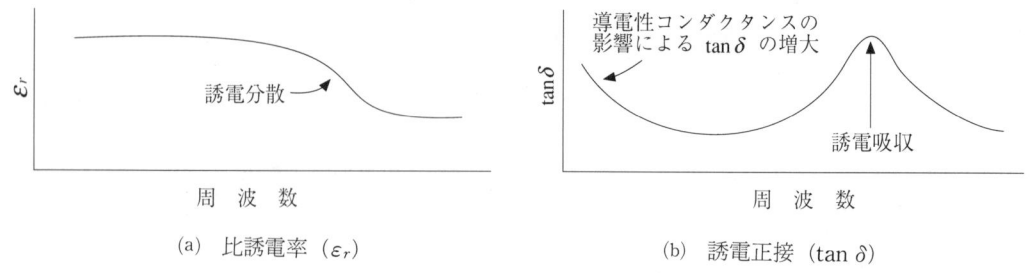

参考図1 比誘電率および誘電正接の周波数依存性

1.2 伝導電流の影響

誘電正接tanδは定義から明らかなように，等価並列コンダクタンスG_Pと等価並列サセプタンスωC_P（ω：角周波数，C_P：等価並列容量）の大きさの比であるが，G_Pは誘電体中を流れる伝導電流に基づくコンダクタンスG_{PC}と，内部損失による電界の変化に対する分極の追従の遅れによって生じるコンダクタンスG_{PD}の和である。G_{PC}は周波数に依存しないが，G_{PD}は誘電吸収の起こる周波数に近づかない限り，電界すなわち印加電圧の周波数に比例する。ここでtanδを，

$$\tan\delta = \frac{G_P}{\omega C_P} = \frac{G_{PC}}{\omega C_P} + \frac{G_{PD}}{\omega C_P} \quad\quad\quad\quad\quad\quad\quad (参5)$$

と表すと，ωC_Pが周波数に比例するので，右辺第1項は周波数に反比例して変化し，第2項は周波数に関係なく一定の値になる。

したがって，**参考図1**(b)に示すように，低周波領域においてtanδが周波数に反比例して変化するような測定結果が得られた場合には，式(参5)の右辺第1項，すなわち伝導電流に基づくコンダクタンスG_{PC}がtanδの値を支配している場合が多い。

絶縁材料の試験を行う際に，その材料が実際に使用される周波数および温度におけるε_rおよびtanδの値ばかりでなく，広い範囲にわたる周波数特性あるいは温度特性の測定が要求されることが多い。これは，ε_rおよびtanδの値が誘電緩和あるいは電気伝導現象と密接に関連があり，物質の構造，特性解明の手がかりになるためである。

3.1 等価回路

3.1.1 並列等価回路　絶縁材料を二つの電極の間にはさみ，電極間に正弦波交流電圧$\dot{V}$(V)を印加するとき，電極間を流れる電流$\dot{I}$(A)は，**図1**(b)に示すように，印加電圧$\dot{V}$より$\pi/2$位相の進んだ容量性電流$\dot{I}_C$と，絶縁材料の内部損失の原因となる印加電圧と同相の電流$\dot{I}_G$の二つの成分に分けられる。したがって，この電極と絶縁材料によって構成されるキャパシタの等価回路は，**図1**(a)に示すように，容量C_P(F)とコンダクタンスG_P(S)（または抵抗R_P(Ω)）の並列回路で表される。C_PおよびG_P（またはR_P）をそれぞれキャパシタの等価並列容量および等価並列コンダクタンス（または等価並列抵抗）と呼ぶ。

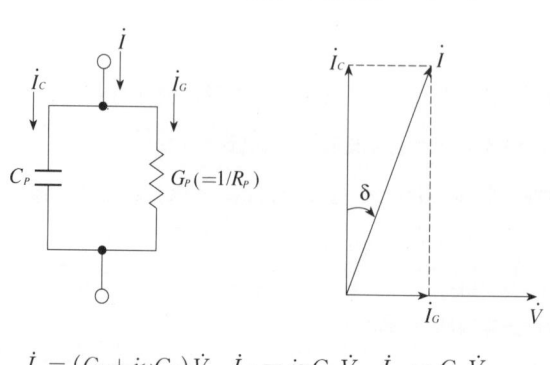

$\dot{I} = (G_P + j\omega C_P)\dot{V}, \quad \dot{I}_C = j\omega C_P \dot{V}, \quad \dot{I}_G = G_P \dot{V}$

(a) 等価回路　　(b) 電流ベクトル図

図1　並列等価回路

絶縁材料の比誘電率をε_rとすれば，C_Pは電極間が真空の場合のキャパシタの容量C_0のε_r倍となる。すなわち，

$$\varepsilon_r = \frac{C_P}{C_0} \quad \cdots\cdots(13)$$

容量性電流$\dot{I}_C$に対する印加電圧と同相電流$\dot{I}_G$の大きさの比I_G/I_Cは，誘電損角δの正接，すなわち誘電正接($\tan\delta$)である。したがって，$\tan\delta$は次式に示すように，ωC_P(ω：角周波数)に対するG_Pの比にも等しい。

$$\tan\delta = \frac{I_G}{I_C} = \frac{G_P}{\omega C_P} \quad \cdots\cdots(14)$$

3.1.2 直列等価回路 電極と絶縁材料によって構成されるキャパシタの等価回路は，**図2**(a)に示すように等価直列容量C_S(F)と等価直列抵抗R_S(Ω)の直列回路で表すこともできる。測定法によっては，このC_SおよびR_Sが測定される場合がある。

図2(b)に示すように，直列等価回路に電流$\dot{I}$(A)を流したときのキャパシタC_Sの端子電圧$\dot{V}_C$の位相は，抵抗R_Sの端子電圧$\dot{V}_R$より$\pi/2$遅れる。

$\dot{V}_C$に対する$\dot{V}_R$の大きさの比，

$$\frac{V_R}{V_C} = \omega C_S R_S = \tan\delta \quad \cdots\cdots(15)$$

は，容量性リアクタンス$1/(j\omega C_S)$に対する抵抗分R_Sの大きさの比を示しており，**図1**(b)の並列等価回路におけるキャパシタンスC_Pを流れる電流に対するコンダクタンスG_Pを流れる電流の大きさの比I_G/I_C，すなわち誘電正接$\tan\delta$に等しい。

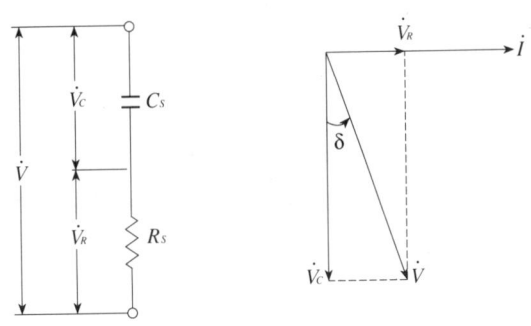

$$\dot{V} = \dot{I}\{R_S + 1/(j\omega C_S)\}, \quad \dot{V}_C = \dot{I}/(j\omega C_S), \quad \dot{V}_R = \dot{I}R_S$$

(a) 等価回路 　　　　　(b) 電圧ベクトル図

図2　直列等価回路

3.1.3 等価回路定数間の関係 **図1**(a)の並列等価回路と**図2**(a)の直列等価回路が等価である場合，C_P, C_SおよびG_P, R_Sの間には，それぞれ，

$$C_S = (1 + \tan^2\delta)C_P = \left(1 + \frac{1}{Q^2}\right)C_P \quad \cdots\cdots(16)$$

$$R_S = \frac{\tan^2\delta}{(1+\tan^2\delta)G_P} = \frac{1}{(1+Q^2)G_P} \quad \cdots\cdots(17)$$

なる関係がある。

したがって，等価直列容量C_Sが測定された場合には，比誘電率ε_rは，

$$\varepsilon_r = \frac{C_P}{C_0} = \frac{1}{1+\tan^2\delta}\frac{C_S}{C_0}$$

$$= \frac{1}{1+\frac{1}{Q^2}}\frac{C_S}{C_0} \quad \cdots\cdots\cdots\cdots\cdots\cdots\cdots\cdots\cdots\cdots (18)$$

となり，ε_rを求めるためには厳密には誘電正接tanδを知る必要がある。すなわち，C_S/C_0を比誘電率とみなすと，真の比誘電率ε_rとの間に$\tan^2\delta$の誤差を生じ，この誤差は，試料の損失が大きく，tanδが1に近くなると無視できなくなる。

一方，tanδについては，

$$\tan\delta = \frac{1}{Q} = \frac{G_P}{\omega C_P} = \omega C_S R_S \quad \cdots\cdots\cdots\cdots\cdots\cdots\cdots\cdots\cdots\cdots (19)$$

であるから，等価直列容量C_Sと等価直列抵抗R_Sから直ちに求められる。

なお，損失が小さく，$\tan\delta \ll 1$の場合には，

$$C_S = C_P = \varepsilon_r C_0 \quad \cdots\cdots\cdots\cdots\cdots\cdots\cdots\cdots\cdots\cdots (20)$$

$$R_S = \frac{\tan^2\delta}{G_P} = \frac{1}{Q^2 G_P} \quad \cdots\cdots\cdots\cdots\cdots\cdots\cdots\cdots\cdots\cdots (21)$$

となるので，C_S/C_0を比誘電率ε_rとみなしてよい。

3.2 測定方法の選択

3.1.3で示したように，損失のある絶縁材料の場合は，**図1**(a)の並列等価回路で表示するのが適切である。したがって，比誘電率および誘電正接は，3.1.1における等価並列容量C_Pおよび等価並列コンダクタンスG_Pから，式(13)および式(14)によって求められる。C_PおよびG_Pの測定には，一般に交流ブリッジ，Qメータなどのアドミッタンスまたはインピーダンス測定器が用いられる。絶縁材料の試験片を誘電体とするキャパシタのリアクタンスは周波数に反比例するため，低周波では高インピーダンスとなり，高周波では低インピーダンスとなる。したがって，それぞれの周波数領域に適した測定装置，回路方式(**解説2**)，電極構成(**解説3**)を選ぶとともに，ガードおよび遮へい(**解説4**)を適切に施すことによって，漂遊アドミッタンス[1]および残留インピーダンス[2]の影響による誤差や外部からの電気的・磁気的な誘導障害を除くことが肝要である。以下，測定にあたって留意すべき事項を，およそ100kHzを境にして低周波領域および高周波領域に分けて列挙すれば次のとおりである。

解説2. 測定回路の方式―並列置換法と直列置換法

交流ブリッジによる測定では，**解説図1**のように，通常電極-試料系の未知アドミッタンス$\dot{Y}_X$を一つの辺とし，平衡時における他の三つの既知のアドミッタンス$\dot{Y}_A$，$\dot{Y}_B$および$\dot{Y}_R$の辺から未知アドミッタンス$\dot{Y}_X$を求める。したがって，ブリッジ各辺を構成するアドミッタンスの誤差がすべて測定確度に影響を与えるばかりでなく，これら素子および素子を接続するリード線の残留インピーダンスも誤差の原因となる。残留インピーダンスは一般に100kHz以上の周波数では急激に増大するので，その影響を避ける有効な手段として，未知アドミッタンスを標準アドミッタンスと置換する方法を用いることが望ましい。置換の方法には，次に述べるような二とおりの回路方式がある。

なお，**解説図1**のように測定器の端子に直接未知アドミッタンスを接続して指示値を読み取る測定回路方式を，説明の便宜上直接法と呼ぶことにする。

2.1 並列置換法

解説図2(a)において，まずスイッチKを開放して，標準アドミッタンス$\dot{Y}_R$のみをアドミッタンス測定器の測定端子間に接続し，そのアドミッタンスを測定する。次にスイッチKを閉じて標準アドミッタンス$\dot{Y}_R$と並列に電極-試料系を接続した後，端子間アドミッタンスがもとの値になるように標準アドミッタンスを調節し，その減少量から電極間アドミッタンス$\dot{Y}_X$を求める。この方法では，アドミッタンス測定器はその測定端子間アドミッタンスを一定に保つための検出方法として用いられており，その指示値は測定結果に影響を与えない。したがって，測

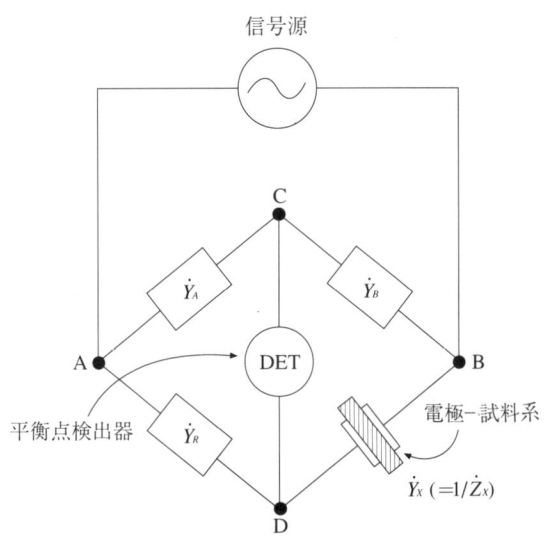

解説図1 交流ブリッジ

定器およびその測定端子までのリード線の残留インピーダンスの影響がなく，直接法よりかなり高い，およそ10 MHzまでの周波数における測定に使用できる。並列置換法では，標準アドミッタンスと電極が隣接して配置されるために，その間を結ぶリード線を短縮することができ，その残留インピーダンスはかなり小さくなる。しかし，置換の際に各リード線を流れる電流が変化するので，10MHz以上の周波数ではそれぞれのリード線の残留インピーダンスによる電圧降下量の変化が無視できなくなり，電極および標準アドミッタンスがもっている残留インピーダンスによる寄与分とともに誤差の原因となる。

2.2 直列置換法

解説図2(b)において，まずスイッチKを閉じて電極-試料系を短絡し，標準インピーダンス$\dot{Z}_R$のみをインピーダンス測定器の測定端子に接続してそのインピーダンスを測定する。次にスイッチKを開放して標準インピーダンス$\dot{Z}_R$と直列に電極-試料系を接続した後，端子間インピーダンスがもとの値になるように標準インピーダンスを調整し，その減少量から電極間インピーダンス$\dot{Z}_X$を求める方法である。この方法も並列置換法と同様に，インピーダンス測定器はその測定端子間インピーダンスを一定に保つための検出器として用いられており，その指示値は測定結果に影響を与えない。また，置換の際に並列置換法のように標準インピーダンスおよびそのリード線を流れる電流が変化しない。

したがって，残留インピーダンスによる電圧降下は相殺され，数100MHzの周波数まで正確な測定が行える。

この方法において，標準インピーダンスと電極を接続したままにしておき，電極間に試料を満たしたときのインピーダンス減少量を標準インピーダンス増加量で置換すると，電極残留インピーダンスも相殺され，確度はさらに高くなる。

ただし，直列置換法の場合には三端子構成とすることが困難なため，低い周波数領域では漂遊アドミッタンスの影響に注意しなければならない。

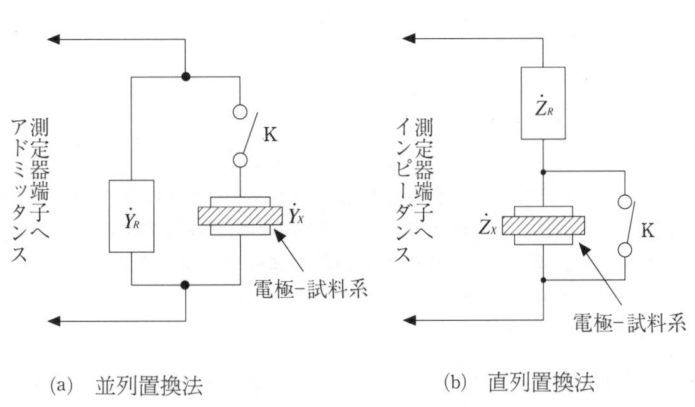

(a) 並列置換法   (b) 直列置換法

解説図2 並列置換法および直列置換法

解説 3. 二端子法と三端子法

二端子法では，電極-試料系を支持する際に，**解説図 3** に示すように直接支持絶縁物に取り付けるため，支持絶縁物のアドミッタンス $\dot{Y}_{AB}$ が素子に並列に入ることになる。したがって，高インピーダンス素子を測定する場合には，この並列アドミッタンスが誤差の原因となる。

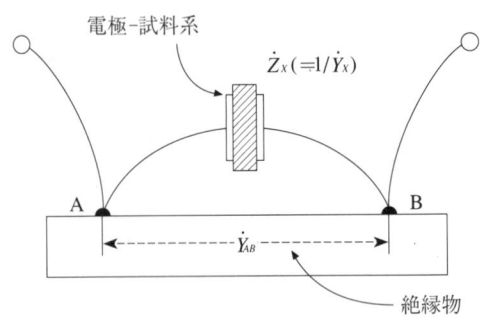

解説図 3　二端子接続

一方，三端子法では，電極-試料系を支持する絶縁物DおよびEは，**解説図 4**(a)に示すように一つの導体(ガード)上に取り付けられており，その等価回路は**解説図 4**(b)のように書ける。したがって，端子AB間に直接接続されるのは電極-試料系のみとなり，支持絶縁物のアドミッタンス $\dot{Y}_D$ および $\dot{Y}_E$ の影響は除かれる。絶縁物を保持する導体(ガード)は，遮へいとして用いることもできる。

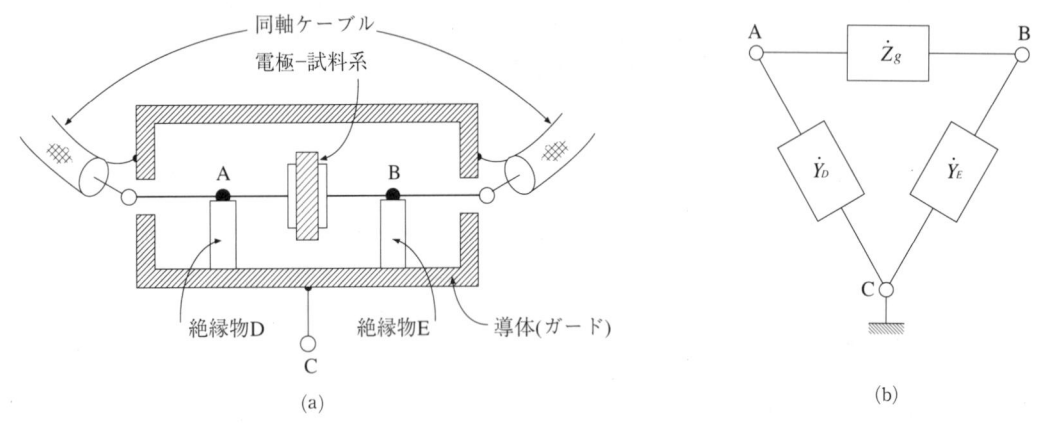

解説図 4　三端子接続およびその等価回路

解説 4. ガード，遮へいおよび接地

測定回路の高インピーダンス部分を絶縁物を介して導体で囲み，その導体を接地されている回路の共通帰線に接続して接地電位を保つと，周囲からの静電的および磁気的な誘導障害を受けにくくなる。このような目的の導体の覆いを遮へいという。

ただし，遮へいを施すことによって，回路と接地された導体間の漂遊アドミッタンスが大きくなるため，測定法によってはこの間に流れる電流が誤差の原因となる。

回路の高インピーダンス部分を支持する絶縁物を大地から絶縁された導体上に取り付け，その導体に回路と同電位の電圧を加えると，支持絶縁物には電流が流れなくなる。このような目的に使用される導体をガードという。このように，ガードは回路と接地との間の漂遊アドミッタンスの影響を除去する働きがあるばかりでなく，回路を囲むように構成することによって，遮へいと同様に外部からの誘導障害を防ぐ働きもある。また，使用方法によっては，測定時にガードが接地電位になり，ガードが遮へいの役割を兼ねる。ガード回路は残留インピーダンスが大きくなりやすいので，高周波では用いられない。

3.2.1　低周波領域　　低周波領域では，電極-試料系のインピーダンスが高くなるため，

(a)　高い電圧の信号源

(b) 固体試料の場合には，厚さが薄く，かつ面積の大きい試験片，液体試料の場合には，電極間隔が狭く，かつ電極対向面積が大きい電極容器

(c) 電極の支持絶縁物を通して流れる漏れ電流の影響を除くためのガード回路

(d) 試験片表面を流れる電流の影響を除くための三端子構成の電極(液体試料の場合は電極容器)

が必要である。このため，測定装置としてガードおよび三端子電極を使用できる交流ブリッジを用い，並列置換法により測定を行う。これに用いられる測定回路の残留インピーダンスは比較的大きいが，低周波領域では電極-試料系のインピーダンスが高いためその影響は少ない。

3.2.2 高周波領域 高周波領域では，電極-試料系のインピーダンスが低くなるため，

(a) 固体試料の場合には，厚さが比較的厚くかつ小面積の試験片，液体試料の場合には，電極間隔が比較的広く，かつ電極対向面積の小さい電極容器

(b) 残留インピーダンスが小さい測定回路方式

(c) 残留インピーダンスが小さい二端子電極(液体試料の場合には電極容器)

(d) 信頼性の高い高周波コンダクタンス標準

が必要である。高周波領域では電極-試料系が低インピーダンスであるため印加電圧を高くする必要はなく，測定回路，電極あるいは電極容器に用いられている支持絶縁物の漏れ電流や試料表面を流れる漏れ電流の影響も少ないので，残留インピーダンスを増加させる傾向のあるガード回路や三端子構成の電極はあまり用いられない。また，残留インピーダンスの影響を少なくするために直列置換法による測定が行われる。

以上**3.2.1**および**3.2.2**で述べたことから明らかなように，同じ測定装置を用いても，回路方式，電極構成などが違えば適用できる周波数範囲も異なる。**表1**に，現在使用されている代表的な測定装置に，種々の回路方式および電極構成を組み合わせた場合の測定可能な周波数領域の概略をあげる。

注(1) 測定の際，被測定アドミッタンスと並列に存在するアドミッタンスを漂遊アドミッタンスという。漂遊アドミッタンスは，測定器の端子と電極を結ぶリード線の対地アドミッタンス，非接地電極を支持する絶縁物のアドミッタンス，および電極の漂遊容量よりなる。

(2) 測定の際，被測定インピーダンスと直列に存在するインピーダンスを残留インピーダンスという。残留インピーダンスは，電極の内部インピーダンスおよび測定器の端子と電極を結ぶリード線のインピーダンスからなる。

表1 代表的測定方法と測定周波数範囲

測定装置	回路方式	電極構成	周波数 Hz
変成器ブリッジ	直接法	三端子	10 ～ 1M
変成器ブリッジ	並列置換法	三端子	10 ～ 10M
変成器ブリッジ	直列置換法	二端子	10 ～ 1M
多相電源ブリッジ	並列置換法	三端子	0.1 ～ 1M
Qメータ	並列置換法	二端子	1M ～ 100M
Qメータ	直列置換法	二端子	1M ～ 1G

インピーダンス・メータ			
共振法	直列置換法	三端子	
		二端子	

4. 試験条件

4.1 周波数

多くの絶縁材料の比誘電率および誘電正接は，数100MHz以下の周波数においても，材料の導電性あるいは誘電緩和に基づく周波数依存性がある。したがって，その材料が実際に使用される周波数帯域で測定を行う必要がある。

絶縁材料が広い周波数帯域で用いられる場合には，周波数の対数についてほぼ等間隔になるように測定周波数を選ぶことが望ましい。

注 周波数の対数についてほぼ等間隔に測定周波数を選ぶという観点から，$1×10^n$, $3×10^n$ Hz($n=±0, 1, 2, 3, ……$)の組合せがしばしば用いられる。測定周波数の間隔をさらに細かく設定する場合には，$1×10^n$, $2×10^n$, 4(または5)$×10^n$ Hz($n=±0, 1, 2, 3, ……$)の組合せも用いられることがある。

特に指定されている場合を除いて，商用周波数および低次高調波付近における測定は誘導障害を受けやすいので避けることが望ましい。商用周波数による測定が必要な場合には，50Hzの地方では60Hz，60Hzの地方では50Hzで測定することにより誘導障害を避けることができる。

4.2 電圧

界面分極(**参考3**)が認められる場合には，電界の強さによって分極の大きさ，緩和周波数ともに変化するが，それ以外の分極は，電界が材料内部あるいは電極と試験片表面の空げきに電離を生じる大きさに達するまで，その強さとはほとんど無関係である。したがって，界面分極が認められない材料については，試験片内部に電離や絶縁破壊を起こさず，また電極の縁端，電極と試験片との接触界面，試験片内部の空げきなどで放電を起こさない電界強度以下であれば，印加電圧あるいは試験片内部の電界強度を一定にする必要はない。一方，絶縁材料を誘電体とするキャパシタのリアクタンスは周波数に反比例するので，同一寸法の電極を用いた場合，測定確度を低下させないためには周波数にほぼ反比例する印加電圧が必要になる。したがって，一定の周波数で測定する場合には，許容電界強度以内で電極間隔に応じて電圧を選べばよい。

参考 3. 界面分極

均一な絶縁材料の分極現象は，電子分極，原子分極および配向分極の三つに分類できることはよく知られている。

誘電率および導電率の異なる2種類以上の成分から成る不均一な絶縁材料の場合には，個々の材料が単独では誘電吸収を起こさない比較的低い周波数領域での誘電分散および誘電吸収が起こる。これは，異種材料間の界面に電荷の蓄積が起こるためである。このような分極現象を界面分極という。

この他，界面分極に属する現象として，絶縁材料と電極との界面にイオンが蓄積することがあり，特に低い周波数において誘電特性を測定する際には注意を要する。

材料に直流が印加されている場合には，上にあげたすべてのメカニズムが分極に寄与するため，誘電率(静誘電率)

は最も大きい。材料に印加する交流電界の周波数が高くなるにしたがって，電界の変化に追従できない分極は誘電率に寄与しなくなる。したがって，低周波(可聴周波)領域から紫外線領域にわたる誘電率は，**参考図2**に示すように，ほぼステップ状に変化する。

参考図2から明らかなように，電子分極および原子分極が関与する誘電吸収は光学領域(それぞれ紫外および赤外領域)で起こる現象である。他方，配向分極および界面分極に起因する誘電分散はこの通則の適用周波数範囲内で起こる可能性があり，測定結果の解析に当たって留意しておく必要がある。

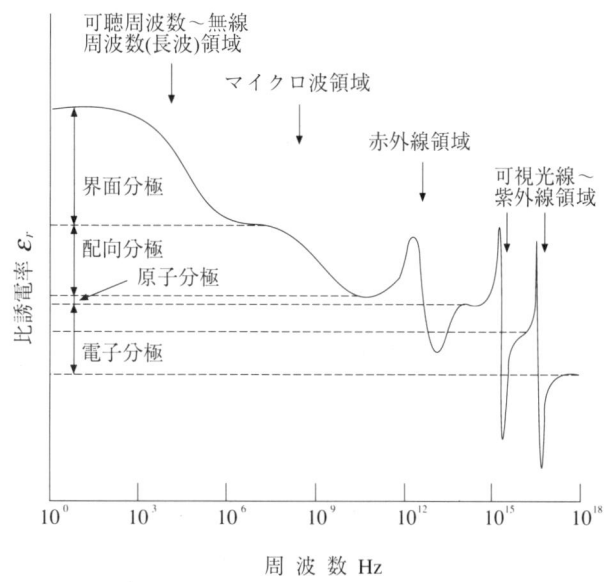

参考図2 比誘電率の周波数依存性および種々の分極寄与（例）

4.3 温　度

温度が絶縁材料の誘電特性に及ぼす影響の一つとして，温度の上昇に伴って分極の緩和周波数が高くなることはよく知られている。誘電損率および誘電正接の温度係数は，緩和周波数より高い周波数では正，低い周波数では負である。界面分極の緩和周波数は低いので，界面分極に起因する誘電損率および誘電正接の温度係数は，通常の測定周波数帯域の全域で正になる。絶縁材料の直流コンダクタンスは，通常絶対温度の逆数の減少に伴って指数関数的に増大するので，誘電損率および誘電正接も同じ傾向で増加し，より大きな正の温度係数を示す原因となる。

測定は恒温槽などの温度変化の少ない環境で行い，測定時の温度を記録しておくことが望ましい。温度が指定されている場合は恒温槽を用い，試験片が十分温度平衡に達した後に測定を行う。

4.4 湿　度

湿気は絶縁材料内部への水の吸収と材料表面の解離した水の層の形成の原因となり，試験片表面と電極との界面における界面分極の大きさを著しく増大させる。したがって，比誘電率，誘電損率および直流コンダクタンスの測定値が増大する。材料表面の解離した水の層は数分で形成されるが，材料内部への水の吸収は平衡状態になるまでに数日，あるいは通気性の少ない材料では数箇月を要する場合がある。

湿度試験を行う場合には，試験片を恒温恒湿槽に入れて長時間放置し，吸湿平衡状態に達した後に測定を行う。

5. 測定装置および器具

5.1 電　極

5.1.1 固体試験片測定用電極

固体試験片測定用電極には誤差をもたらすいくつかの原因，すなわち，試験片と電極間に残存する空げき，電極縁端の漂遊容量，電極のアドミッタンス，電極および配線の残留インピーダンスがある。このうち，残存空げきと縁端容量は全周波数帯域において問題になるのに対し，電極のアドミッタンスは低周波，残留インピーダンスは高周波で問題になる。これらの影響を避けるためには，適切な構成の電極と測定法を選択しなければならない。

固体試験片測定用電極は，その電極構成から三端子電極と二端子電極に分けられる。また，電極間隔を一定に保ったまま使用する固定電極と電極間隔を調整することができるマイクロメータ電極に分けることもできる。このうち，低周波では縁端容量，電極のアドミッタンスの影響が少ない三端子固定電極，高周波では残留インピーダンスの影響が少ない二端子マイクロメータ電極がよく用いられている。一般に，二端子電極を用いると縁端容量，電極のアドミッタンスの影響が大きいため三端子電極に比べると測定確度が劣るが，マイクロメータ電極のなかには，二端子であるにもかかわらず，縁端容量，電極のアドミッタンスの影響を減らす対策を施して，低周波でも高確度の測定が行えるようにした広周波数帯域用電極（**参考4**）がある。

参考 4.　広帯域用二端子マイクロメータ電極

参考図3は，100Hz～100MHzの広い周波数帯域において，高確度測定を行うために開発されたマイクロメータ二端子電極で，液体中で測定を行うためにセルに納められている。この電極は，周辺に接地電位のシールドリングを配置した直径30mmのナイフエッジ状非接地側電極が同直径の接地側電極と対向しており，シールドリングの効果で，電極間隔の調整，試験片の挿入に伴う縁端容量の変化が非常に少ない。このため，小面積二端子電極であるにもかかわらず，比誘電率の大きい試験片を高確度で測定する特別な場合以外は，縁端容量補正を要しない。また，電極部およびこれと並列に接続された補助キャパシタの非接地側電極を支持する絶縁物にガードを設けてあるため，これを測定器のガード回路に接続すれば，インピーダンスが極めて高くなる低周波においても漏れ電流は無視できるほど少なくなり，安定度は損なわれない。高周波においては電極間隔の変化に伴う残留イン

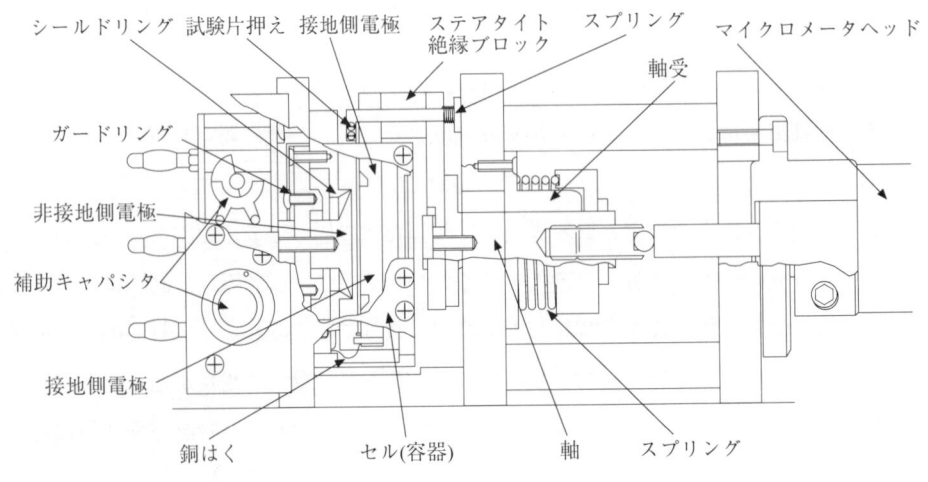

参考図3　広周波数帯域マイクロメータ電極（例）

ピーダンスの変化を少なくするために，幅が広く短い銅はくを接地側電極の電流帰路としており，残留インピーダンスが小さい。接地側電極はこれを支える軸受に電流が流れないように，絶縁物を介して軸受に取り付けられている。

この電極によれば，固体板状試験片，液体試料いずれも100Hz～100MHzの広い周波数帯域にわたって，迅速，容易に高確度の測定が行える。

(1) **三端子電極** 測定範囲が低周波領域に限られる場合には，比較的広い面積の三端子固定電極が広く用いられ，ブリッジを検出器とした三端子測定が行われる。三端子電極は，図3のように主電極の周囲にわずかな間げき g を隔てて同一面上にリング状のガード電極がおかれており，これらが対電極と対向している。ブリッジの平衡時には主電極とガード電極は同一電位になるので，図3のように主電極周辺の電界には大きな乱れは生じない。また，主電極，対電極はガード上に取り付けられたそれぞれ別の絶縁物で支持されているため，電極間に試験片がない場合，主電極，対電極間には空気以外の絶縁物は介在しない。したがって，電極およびそのリード線のインピーダンスが無視できる低周波においては，この間の容量は無損失のキャパシタを形成し，電極のコンダクタンスは無視できる。

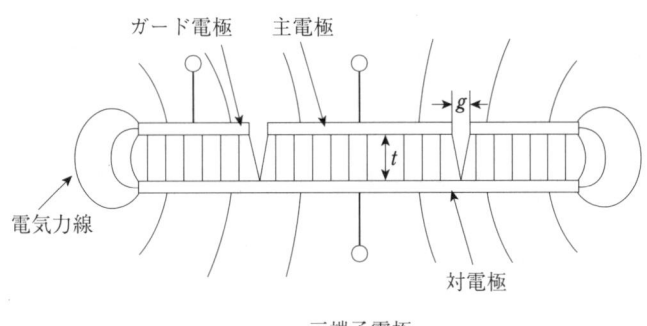

図3 固体板状試験片測定用電極の構成

三端子ガード付電極のガード電極の幅は，少なくとも試験片の厚さの2倍以上必要であり，主電極とガード電極の間のすき間は一般に狭いほうがよい。実効面積は，電極間隔 t に対するガード間げき長 g の比 g/t が1より十分小さい場合は，主電極とガード電極間のすき間の面積のおよそ1/2だけ真の面積より大きいとみなされ，ガード付円板電極の直径はガード間げき長 g だけ大きくなると考えてよい。しかし，g/t が1に近い場合は補正[1]（**解説5**）を行ったほうがよい。

解説5．ガード付電極の実効面積

電極間隔 t に対するガード間げき長 g の比 g/t は1より十分小さいほうが好ましいが，1に近い場合は補正を行ったほうがよく，三端子ガード付電極の実効面積を求めるための補正式が知られている。この場合，ガード間げきは間げき補正量 2δ だけ小さくなり，2δ は，電極間隔 t に対するガード間げき長 g の比 g/t，ガード間げきを占める物質の比誘電率 ε_{rg} に対する電極間物質の比誘電率 ε_r の比 $\varepsilon_r/\varepsilon_{rg}$，および電極の厚さ a の関数である。g/t が1に近い三端子ガード付電極の実効面積を計算する際，実効ガード間げきを求めるためにガード間げき長に掛ける係数は，

$$B = \frac{1-2\delta}{g} \quad\cdots\cdots\cdots\cdots\cdots\cdots\cdots\cdots\cdots\cdots\cdots（解2）$$

で表せる。式（解2）において，厚肉電極で $\varepsilon_r = \varepsilon_{rg}$ のとき，$2\delta/g$ は，

$$\frac{2\delta}{g} = \frac{2}{\pi}\tan^{-1}\left(\frac{g}{2t}\right) - \left(\frac{2t}{\pi g}\right) \cdot \ln\left\{1+\left(\frac{g}{2t}\right)^2\right\} \quad\cdots\cdots（解3）$$

薄肉電極で $g/t < 0.5$，$\varepsilon_r = \varepsilon_{rg}$ のときは，

$$\frac{2\delta}{g}=\frac{2t}{\pi g}\left\{1-\cos\left(\frac{\pi g}{4t}\right)\right\} \quad\cdots\cdots\cdots\cdots\cdots\cdots\cdots\cdots\cdots\cdots(解4)$$

$\varepsilon_r \gg \varepsilon_{rg}$のときは，電極板の厚さに関係なく，

$$\frac{2\delta}{g}=\left(\frac{4t}{\pi g}\right)\ln\cosh\left(\frac{\pi g}{4t}\right) \quad\cdots\cdots\cdots\cdots\cdots\cdots\cdots\cdots\cdots\cdots(解5)$$

となる。**解説表1**はガード間げきgに対するガード間げき補正の割合$2\delta/g$を式(解3)，(解4)から求めた結果である。

解説表1 ガード間げきgに対する補正量2δの割合

g/t	$\varepsilon_r \gg \varepsilon_{rg}$ 厚肉，薄肉電極	$\varepsilon_r = \varepsilon_{rg}$ 厚肉電極	薄肉電極
0.01	0.0039	0.0020	0.0016
0.02	0.0079	0.0039	0.0032
0.03	0.0118	0.0059	0.0048
0.04	0.0156	0.0078	0.0064
0.05	0.0196	0.0098	0.0080
0.06	0.0236	0.0118	0.0096
0.08	0.0314	0.0157	0.0127
0.10	0.0392	0.0196	0.0159
0.12	0.0470	0.0236	0.0191
0.15	0.0588	0.0294	0.0239
0.20	0.0782	0.0393	0.0318
0.25	0.0975	0.0489	0.0398
0.3	0.1167	0.0586	0.0474
0.4	0.1546	0.0779	0.0634
0.5	0.1915	0.0969	0.0789
0.6	0.2274	0.1157	0.0942
0.8	0.2954	0.1519	0.1242
1.0	0.3579	0.1865	0.1531
1.2	0.4145	0.2187	0.1809
1.5	0.4885	0.2620	0.2203
2.0	0.5857	0.3183	0.2800

g：ガード間げき，ε_r：電極間物質の比誘電率

t：電極間隔，ε_{rg}：ガード間げきの物質の比誘電率

(2) **二端子電極** 周波数が高くなると，ガード回路は残留インピーダンスが大きくなるために使用できなくなる。したがって，電極もガードのない二端子構成のものが用いられる。また，高周波では比較的小面積(直径30mm程度)の電極が用いられるが，電極面積は直径の2乗に比例するのに対し円周は1乗に比例するので，ガードがないことと相まって，小面積二端子電極の全電極間容量に対する縁端容量の割合は，低周波用三端子電極に比べると著しく大きくなり無視できない。二端子電極の正味の電極間容量を求めるためには縁端容量を明らかにしなくてはならず，**表2**に示すような縁端容量補正式が用いられている[1]。しかし，縁端容量の影響は補正を行っても完全に除くことは困難である。すなわち，マイクロメータ電極の場合は，試験片の出し入れ，電極間隔の調整によって縁端容量が変化し実効面積の変化をもたらす。また，縁端容量の変化は，電極導体を流れる電流経路の変化とこれに伴う電極の等価直列抵抗の変化をもたらし，残留インピーダンスが大きくなる高周波において誘電正接の測定誤差を招く。したがって，高周波において正確な測定を行うためには，縁端容量の補正に頼らず，最初から縁端容量が小さく，その大きさが電極間隔の調整，試験片の出し入れによって変化しない構造の電極(**参考4**)(p.18を参照)を用い，残留インピ

ーダンスの影響の少ない直列置換法によって測定することが望ましい。

表2 正味電極間容量および縁端容量

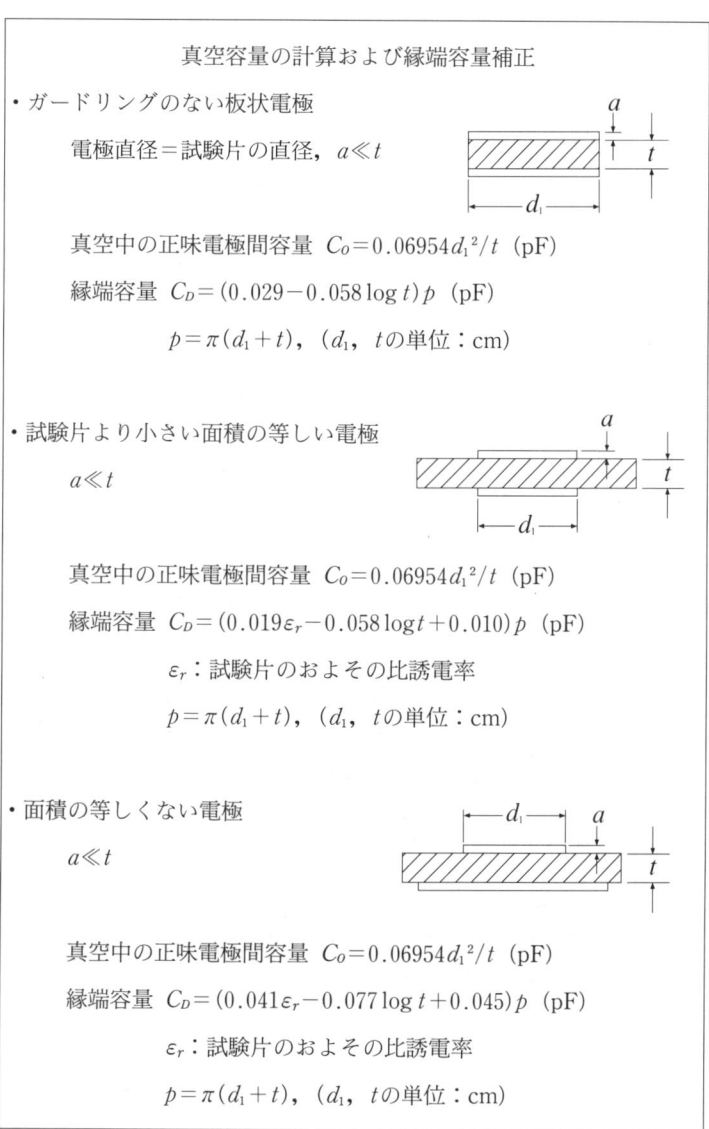

真空容量の計算および縁端容量補正

・ガードリングのない板状電極

電極直径＝試験片の直径，$a \ll t$

真空中の正味電極間容量 $C_O = 0.06954 d_1^2/t$ (pF)

縁端容量 $C_D = (0.029 - 0.058 \log t) p$ (pF)

$p = \pi(d_1 + t)$, $(d_1, t$の単位：cm$)$

・試験片より小さい面積の等しい電極

$a \ll t$

真空中の正味電極間容量 $C_O = 0.06954 d_1^2/t$ (pF)

縁端容量 $C_D = (0.019 \varepsilon_r - 0.058 \log t + 0.010) p$ (pF)

ε_r：試験片のおよその比誘電率

$p = \pi(d_1 + t)$, $(d_1, t$の単位：cm$)$

・面積の等しくない電極

$a \ll t$

真空中の正味電極間容量 $C_O = 0.06954 d_1^2/t$ (pF)

縁端容量 $C_D = (0.041 \varepsilon_r - 0.077 \log t + 0.045) p$ (pF)

ε_r：試験片のおよその比誘電率

$p = \pi(d_1 + t)$, $(d_1, t$の単位：cm$)$

(3) **固定電極** 電極間隔を測定中一定に保つ固定電極には，試験片表面に直接つける電極と，試験片と電極の間にすき間が介在する状態で測定を行う液体置換法用セルがある。

電極を直接つける方法は，電極と試験片の間の空げきを排除することを想定しており，試験片の両面への金属はくの貼付，導電性物質の塗布，吹き付け，蒸着などによる方法(**解説6**)[1]と，金属板電極で試験片を両面から圧着しサンドイッチ状にする方法がある。試験片表面に直接電極を形成する方法は，電極の形成に手間がかかるが，電極試験片間の空げきはほとんど排除できる。これに対し，電極を形成せず試験片を両面から電極板で圧着する方法は，電極と試験片の間に空げきが生じやすく，これが比誘電率，誘電正接ともに誤差をもたらす原因になる。空げきの影響は試験片が薄いほど，あるいは試験片の比誘電率が大きいほど大きくなる。また，二端子電極の場合，電極板は試験片の厚さに比べて十分薄くないと電極周辺

の漂遊容量が大きくなる。

液体置換法用セル(**解説7**)[(2)]は，比誘電率が2付近の低損失高分子材料を高確度で測定することを目的としている。試験片電極間の空げきの影響を避けるために，電極，試験片間のすき間を比誘電率が既知で試験片に近い液体で満たし，その存在を考慮に入れて測定を行うので，測定対象は限定されるが，空げきの影響を排除することができる。

固定電極は，電極および配線の残留インピーダンスが誤差の原因になるので，高周波ではあまり用いられない。

解説6. 固体試料用電極の材料・形成法・取扱い

固体絶縁材料の誘電正接および比誘電率測定用電極材料としては，導電率が大きいこと，試料との密着性がよいことが重要である。通常，金属はくはり合せ，導電性塗料，蒸着などの方法によって試験片上に形成されるが，試料の物性，形状，測定温度などの条件によって適切な電極材料および形成方法を選ぶ必要がある。

(1) **金属はく**　厚さ5〜25μm程度のすずはく，アルミニウムはくなどが用いられる。適切な寸法・形状に切り出された金属はくは，シリコーン・グリス，ワセリン，油などの密着剤を用いて，試験片表面と金属はくとの間に気泡が残らないように圧着してはり合わせる。小形のローラではくの外側に向かって展着させることにより，密着剤の厚さを2μm程度まで薄くすることが望ましい。この密着剤の層は等価回路的には試験片と直列になるため，150μm程度以下の試験片を測定する場合には比誘電率および誘電正接の測定値に無視できない程度の誤差を生じる。なお，三端子電極を形成する際には，細い刃を取り付けたコンパスを用いて試験片全面に展着した金属はくから幅0.5mm程度の細い円環を切り取ることによって，主電極とガード電極を形成することができる。測定温度が高い場合には，測定中に気泡が発生する場合があるので注意を要する。金属はく電極の最高使用温度は，使用する密着剤の種類によって異なるが，60〜70°C程度である。シリコーン・グリスを使用すれば，さらに高い温度まで使用できる。

(2) **導電性塗料**　導電性塗料は，合成樹脂材料を接着剤として，その中に導電性微粒子(たとえば，粒径10μm以下の銀微粒子)を分散させたものである。樹脂材料としては，メタクリル樹脂，エポキシ樹脂などが使用され，樹脂の種類によって常温から200°Cに至る適当な温度で自然乾燥，低温焼成または硬化される。使用温度に応じて適当な塗料を選ぶ必要がある。塗料の乾燥または硬化後に，電極の縁端に不整がある場合には，鋭利な刃などを用いて正しい寸法・形状となるように修正する。導電性塗料を塗布する際に，塗膜中に気泡が残らないように注意する必要がある。また，樹脂成分と導電性微粒子との混合が不十分な場合には，形成された塗膜電極に部分的に抵抗の高い箇所が生じることがあるので注意を要する。

(3) **蒸着金属**　高真空中で加熱，蒸発させた金属を試験片表面に付着させて電極を形成する。蒸着する金属としては，金，アルミニウム，そのほか種々の材料を選ぶことができる。蒸着前に試験片の表面を適当な方法で十分に洗浄しなければならない。蒸着に際して，熱による試験片の損傷に注意する必要がある。また，試験片および蒸着金属の種類によっては，試験片中への金属の移行が起こる場合があるので注意を要する。蒸着金属皮膜は通気性がよいので，電極形成後に試験片を調湿することが可能である。

(4) **スパッタリング金属**　スパッタリングは，電極を形成する材料を陰極に用いて，グロー放電を利用して試験片表面に電極材料を付着させる方法である。真空蒸着とほぼ同等の金属皮膜を形成することができるが，試験片の熱による損傷には十分に注意しなければならない。スパッタリング金属としては，金，銀，鉛，すずなどが使用される。金属蒸着電極と同様に，電極形成後の調湿が可能である。

(5) **焼付け金属**　500〜800°Cの高温で焼き付ける金属塗料電極である。ガラス，セラミックスなど，無機絶縁材料測定用の電極として使用される。

(6) **吹付け電極**　低融点金属をスプレーガンを用いて試験片の表面に吹き付け，スポンジ状の電極を形成させる方法で，導電性塗料とほぼ同等の導電率をもつ。この方法によると，ピンホールのある薄い試験片の場合にも，電極材料が貫通して短絡を起こすことがない。したがって，布，紙など，表面の粗い試験片の絶縁抵抗測定用電極として適している。

解説7. 液体置換法用セル

解説図5は，比誘電率が2付近の低損失高分子材料を高い確度で測定するための二端子ベンゼンセルで，液体置換法によって固体板状試験片を測定する場合に用いられる。長方形の金属セルの内壁の一部が接地側電極を形成し，セルの中央部におかれた厚さ6.35mm，面積58.06cm^{2}の金めっきされた矩(く)形平板非接地側電極板の両面が1.52±0.05mmの間隔で同面積の接地側電極と対向している。非接地側電極は5個の絶縁物(たとえばテフロン)によって絶縁された溝に挿入され，洗浄のために取り外すことができる。セルの上部にはオーバフ

ローパイプが設けてある。セルの熱容量が大きく，空気にさらされている面積が小さいので，液の蒸発による冷却効果は少ない。同一寸法の2枚の試験片を，セル内壁の接地側電極と非接地側電極両面の間の二つのすき間にそれぞれ1枚ずつ挿入して測定する。試験片の厚さの標準は1.27mmであるが，この厚さと異なる場合は，試験片が空げきのおおよそ80%を占めるように，非接地側電極を厚さの異なるものと交換する。セルは測定に先立って十分洗浄乾燥し，約50mlの標準液を少量がオーバフローするまで注入する。電極および標準液は正確に測定温度に保たれていなければならない。

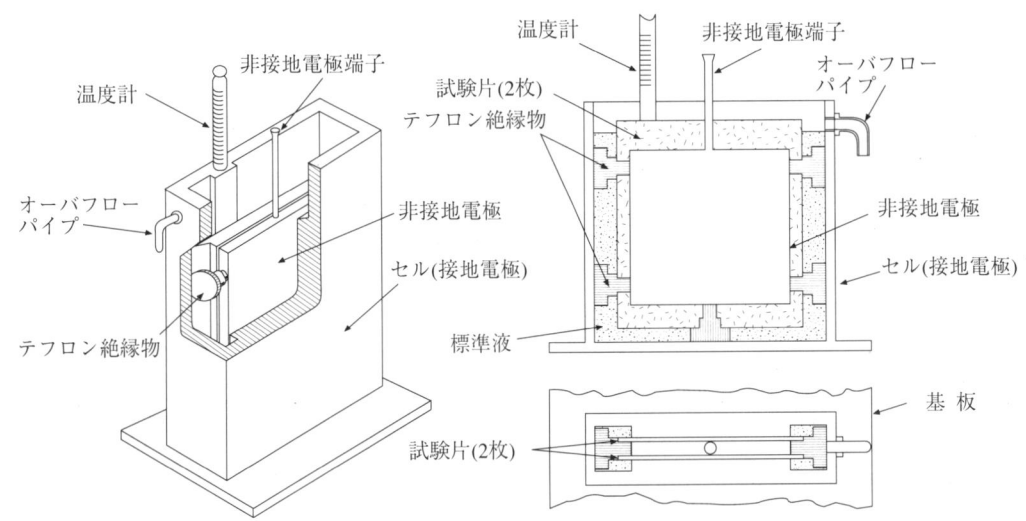

解説図5 液体置換法用セル

(4) **マイクロメータ電極**　マイクロメータ電極は，縁端がナイフエッジ状のものが多く，同面積平行円板対向電極の一方(通常，低インピーダンス側，一方が接地電位の場合は，接地側)がマイクロメータヘッドで駆動できるようになっており，電極面を互いに平行に保ちながらその間隔を調整，表示することができる。試験片を挿入したときの電極間容量と試験片を除去し間隔を狭めたときの容量を等しくし，この二つの状態を比較することによって測定を行うことを基本とする直列置換法に用いる。したがって，残留インピーダンスの影響が少なく，高周波においても正確な測定が行える。マイクロメータ電極のなかには，容量変化法(**7.4参照**)[3]に用いるために，**図4**のように電極と一体構造になった半値幅容量測定用標準キャパシタが用意されているものもある。マイクロメータ電極には，

(1) 電極間隔変化量を高分解能で正確に測定し得ること。
(2) 対向する二つの電極の中心にずれがなく平面度，平行度がよいこと。
(3) 電極間隔の変化に伴う縁端容量の変化が少ないこと。
(4) 残留インピーダンスが小さく電極間隔調整に伴って変化しないこと。
(5) 漂遊コンダクタンスが小さいこと。

が要求される。

注(1)　**ASTM D 150**-1995
注(2)　**ASTM D 1531**-1995
注(3)　**B. S. 2067**：1953. Amend No. 1 (1954), Amend No. 2 (1964), Amend No. 3 (1987)

5.1.2 液体試料測定用セル　液体の誘電特性測定には，通常，低周波では三端子，高周波では二端子セルが用いられる。いずれも分解，洗浄が容易で，これに伴って電極容量が変化しない堅ろうな構造であり，熱膨張係数の小さい電極材料，絶縁物で作られていることが望まれる。測定に際し温度を監視し一定に保つこと

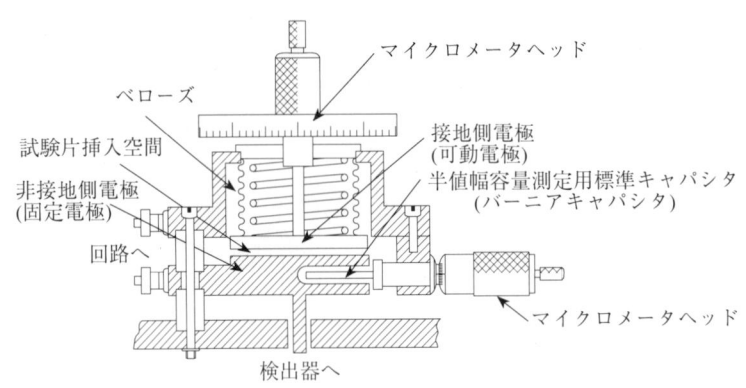

図4 標準キャパシタ付マイクロメータ電極

が必要であり，高確度を要求されるときは恒温槽中で用いられることが多い。

(1) **三端子セル** 図5は液体試料測定用三端子セルの一例である。中心部円柱が主電極で，その外側に円筒状対電極がある。さらにその外側にガード兼シールドの働きをもつケースが存在する。主電極と対電極の間にガード電極が介在するので，電極の残留インピーダンスが無視できる低周波においては，十分に洗浄し，乾燥した空のセルは無損失とみなせる。この電極にガード電極の下端Pが十分に液面下に沈むまで試料液を満たすと，主電極と対電極の間の等価並列容量は液面の位置に関係がなくなり，その値はセルが空(真空)のときの容量と試料液の比誘電率との積になる。電極間容量50〜100pF程度のものが用いられている。なお，主電極および対電極の端子間およびこれら端子から測定器に至る一対のリード線の間は，漂遊アドミッタンスが生じないように厳重に遮へいしなければならない。このため，ガードされた端子(コネクタ)と同軸ケーブルを用い，その外側導体はガード回路に接続する。

(2) **二端子セル** 図6は10MHz程度の高周波まで用いられる二端子セルの一例である。二端子セルの場合は，正味電極間アドミッタンスに漂遊アドミッタンスすなわち電極を支持する絶縁物およびリード線のアドミッタンスが並列に入るので，試料液の測定に先立って漂遊容量と漂遊コンダクタンスを明らかにしておかなければならない(**7.8.2**参照)。二端子セルは，ガードがなく構造が簡単なため，三端子セルに比べるとかなり高い周波数まで使用できる。しかし，セルに試料液を満たしたときの容量増加をセルと並列に接続された標準キャパシタで置換測定するので，およそ10MHz以上の高周波になると電極やケーブルの残留インピーダンスの影響で置換誤差が現れる。

二端子セルは，漂遊アドミッタンスの安定性が問題になるので，測定確度は三端子セルより劣る。正味の電極間容量10〜50pF程度のものが用いられている。

5.2 測定回路

集中定数回路におけるアドミッタンス測定には，低周波では種々のブリッジ，高周波では共振回路などが用いられている。周波数によってその測定回路が異なる最大の理由は，キャパシタのサセプタンスが周波数の関数であり，同一寸法，同一形状の試料を測定する場合，低周波では著しく低いアドミッタンス測定が必要になり，並列漂遊アドミッタンスの影響が問題になるのに対し，高周波では著しく高いアドミッタンス測定が必要で，直列残留インピーダンスの影響が問題になることにある。

5.2.1 低周波用測定回路（交流ブリッジ）

(1) **交流ブリッジの基本** 低周波においては，古くから交流ブリッジがキャパシタのアドミッタンスの精

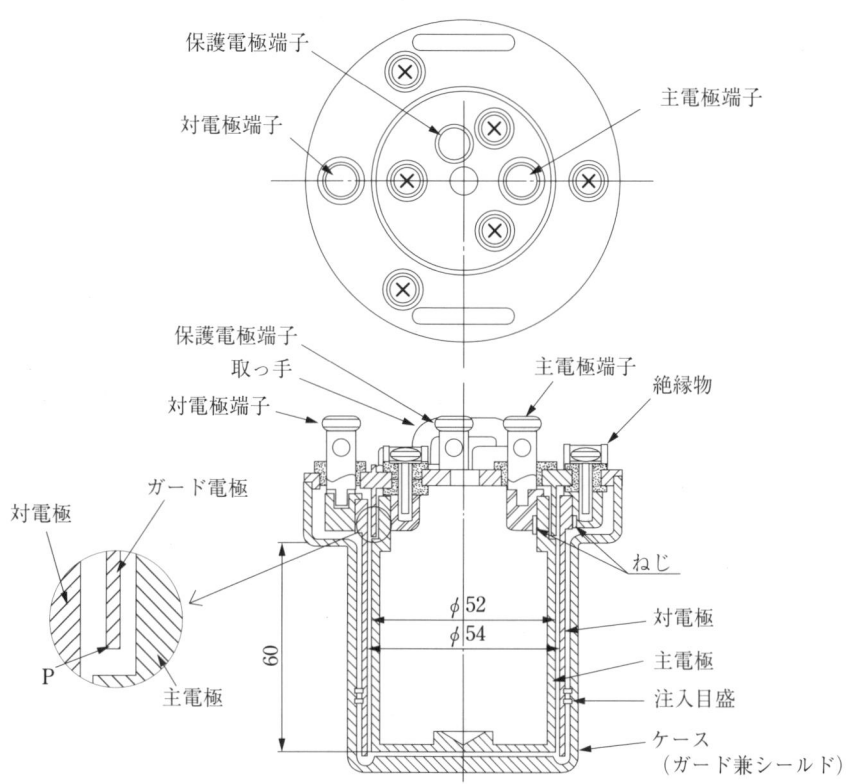

図5 液体試料測定用三端子セル（例）

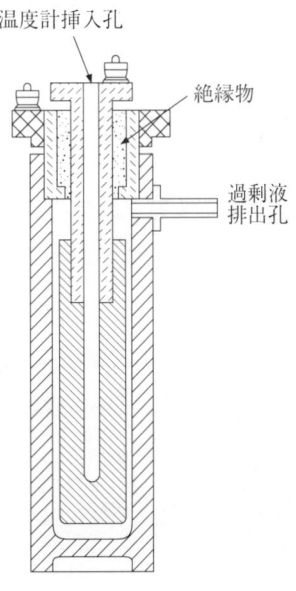

図6 液体試料測定用二端子セル（例）

密測定によく用いられてきた。**図7**は交流ブリッジの基本形で、$\dot{Y}_A$, $\dot{Y}_B$は比例辺アドミッタンス、$\dot{Y}_R$は標準アドミッタンス、$\dot{Y}_X$は未知アドミッタンスである。比例辺アドミッタンスの比$\dot{Y}_B/\dot{Y}_A$および標準アドミッタンス$\dot{Y}_R$を調整し、検出器DETの入力端子間電圧を零にしたとき、ブリッジは平衡し、未知アドミッタンス$\dot{Y}_X$は、

$$\dot{Y}_X = \frac{\dot{Y}_B}{\dot{Y}_A} \dot{Y}_R \quad \cdots\cdots\cdots\cdots\cdots\cdots\cdots\cdots\cdots\cdots\cdots\cdots\cdots\cdots\cdots\cdots\cdots\cdots\cdots\cdots\cdots\cdots\cdots\cdots (22)$$

より求められる。この平衡条件は信号源と検出器を入れ替えても成立する。

交流ブリッジは、信号源電圧を測定する必要がなく、零位法で検出器の目盛の誤差が測定確度に影響しないため、低周波では極めて高い確度の測定が可能である。しかし、式(22)から明らかなように、実数部、虚数部ともに平衡条件を満足しなければブリッジは平衡しない。このことは振幅、位相ともに平衡しなければ検出器の入力は零にならないことを意味しており、操作を繁雑にし自動化を困難にする原因となっている。また、両端子とも接地されない回路素子を用いた複雑な回路が多いため配線が長くなり、高周波では残留インピーダンス、漂遊容量の影響を除くことが困難である。

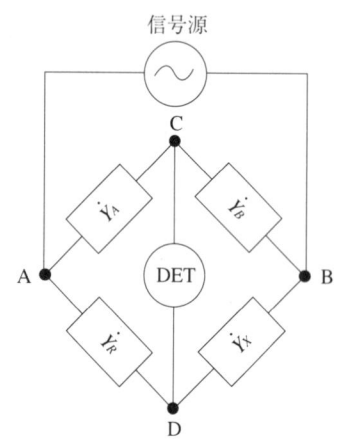

図7 交流ブリッジの基本形

(2) **信号源と検出器** 信号源には周波数の安定な波形ひずみの少ない正弦波発振器を用いる。数ボルト以上の出力電圧が得られ、出力インピーダンスが低いことが必要である。検出器には高利得の周波数選択性増幅器に指示器を接続して用いる。

信号源と検出器がともに不平衡出力(一対の出力端子の片側がシャーシに接続され接地電位になっている回路)の場合は、信号源と検出器のシャーシを互いに接続したとき、ブリッジのいずれかの辺の素子が短絡される。したがって、信号源、検出器のいずれか一方は平衡形(一対の入力あるいは出力端子がともにシャーシから独立している回路)でなくてはならない。

(3) **平衡回路** 交流ブリッジを用いて低いアドミッタンスの精密測定を行う場合には、操作する人の近接効果、商用電源からの誘導など外部からの影響を断つためにブリッジ全体を厳重に遮へいしなければならない。この遮へいはブリッジ各辺の素子との間に大きな漂遊アドミッタンスをもたらし、大きな測定誤差を生じる原因になる。この誤差を除くために平衡回路が用いられる(**解説8**)。

比誘電率、誘電正接測定によく用いられるブリッジに、シェーリングブリッジと変成器ブリッジ(**7.1.1**,

7.1.2参照)があり，この他にも超低周波の測定には抵抗比例辺ブリッジ，1 MHz以下の広い周波数範囲の測定に多相電源ブリッジ(**7.1.3**参照)などが用いられている。

解説 8. 平衡回路

ブリッジの平衡時に検出器の一対の入力端子電位が遮へいと同電位であれば，遮へいはガードの役割を果たし，漂遊アドミッタンスの影響を避けることができる。すなわち，**解説 6** において，$\dot{Y}_{AD}$, $\dot{Y}_{BD}$, $\dot{Y}_{CD}$, $\dot{Y}_{DD}$ はブリッジの素子と遮へいの間の漂遊アドミッタンスを表しているが，ブリッジ$\dot{Y}_A$, $\dot{Y}_B$, $\dot{Y}_R$, $\dot{Y}_X$ において検出器DETの入力端子C, Dの電位が遮へいと同電位であれば，$\dot{Y}_{CD}$, $\dot{Y}_{DD}$ には電流が流れないので影響がないばかりでなく，$\dot{Y}_A/\dot{Y}_B = \dot{Y}_R/\dot{Y}_X = \dot{Y}_{AD}/\dot{Y}_{BD}$ となるので，$\dot{Y}_{AD}$, $\dot{Y}_{BD}$ があっても平衡条件は変わらない。通常，漂遊アドミッタンス$\dot{Y}_{AD}$, $\dot{Y}_{BD}$ のみでこのような関係を得ることはできないが，**解説図6**のように$\dot{Y}_E$, $\dot{Y}_F$ の辺を設けると，$\dot{Y}_{AD}$, $\dot{Y}_{BD}$ はそれぞれ$\dot{Y}_E$, $\dot{Y}_F$ に含まれる。したがって，スイッチSを切り換えて検出器DETをCD間，CE間に交互に接続し，いずれの場合も平衡がとれるように$\dot{Y}_A/\dot{Y}_B$, $\dot{Y}_R$ および$\dot{Y}_E/\dot{Y}_F$ を調整すると，平衡時にC, D点の電位は，E点すなわち遮へいの電位と等しくなり，遮へいはガードの役割をする。$\dot{Y}_E$, $\dot{Y}_F$ の辺をワグナーの平衡回路という。

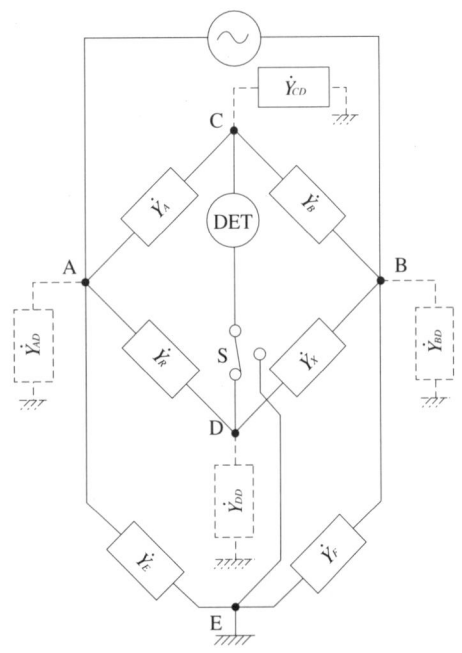

解説図6 平衡回路

平衡回路はこのように素子の低インピーダンス端子に高インピーダンス端子と同一の電圧を供給して回路にかかる電圧を零にする方法であるが，ワグナーの平衡回路は操作が厄介なため，増幅器を用い，この操作を自動化した回路がある。**解説図7**(a)は，利得1の低出力インピーダンス増幅器(ボルテージフォロワ)の反転入力端子を信号源の一端Bに，非反転入力端子を検出器DETの一端Dに接続し，出力端子を遮へいに接続してある。この回路は，遮へいを常に検出器DETの一端Dと同電位に保ち，遮へいガードの役割をする。

解説図7(b)は，高利得差動増幅器の非反転入力端子を遮へいに，反転入力端子を検出器DETの一端Dに接続し，出力端子を信号源の一端Bに接続してある。この回路は，信号源の一端Bの電位を制御することによって，検出器DETの一端Dを常に遮へいと同電位に保つ負帰還回路を形成する。

いずれも増幅器の位相回転を無視し得る低周波において用いられる。

5.2.2 高周波用測定回路（共振回路） 高周波においては，配線が複雑で長くなる三端子ブリッジ回路は残留インピーダンス，漂遊アドミッタンスがともに大きくなるため正確な測定が困難である。したがって，数100 kHz以上の周波数では代わりに二端子共振回路が用いられる。

この他にブリッジの一種，並列T型ブリッジ(**7.1.3**参照)も用いられる。

5.3 標 準

容量標準とコンダクタンス標準試料を誘電体とするキャパシタのアドミッタンスを測定する場合には，容量

— 27 —

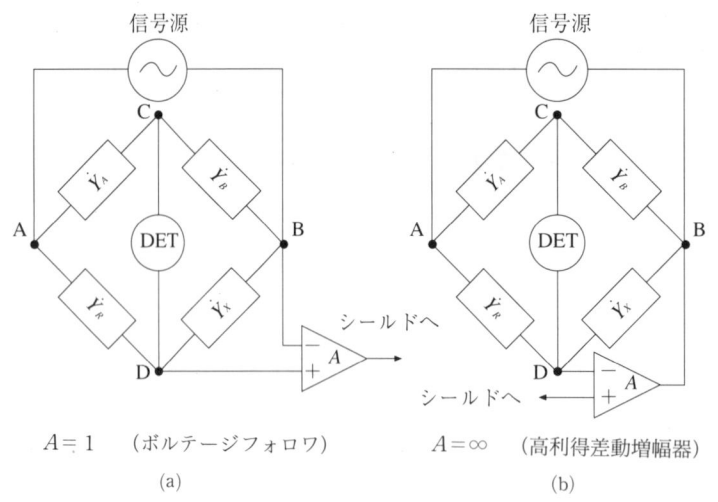

解説図 7 増幅器を用いた自動平衡回路

標準とコンダクタンス標準が必要であり，容量標準としては標準キャパシタが用いられる。標準キャパシタはその値が正確，安定で，漂遊コンダクタンス，残留インピーダンスが少なく，無損失であることが望まれる。

5.3.1 容量標準

(1) キャパシタの等価回路　キャパシタの等価回路は，キャパシタンス C，直列抵抗 R，並列コンダクタンス G_P および残留インダクタンス L_D を図 8(a) のように接続した回路で表せる。

この回路の中の R は電極およびリード線の損失を表す抵抗，G_P は電極間を満たす誘電体および電極を支える絶縁物の損失を表すコンダクタンスであり，L_D は電極およびリード線のインダクタンスを表す。この等価回路は，キャパシタの Q が 1 より十分大きい場合，角周波数 ω の変化に伴い，

低周波においては，$1/(\omega C) \gg R$，$1/(\omega C) \gg \omega L_D$ となり，図 8(b)

中域周波においては，$\omega C \gg G_P$，$1/(\omega C) \gg \omega L_D$ となり，図 8(c)

高周波においては，$\omega C \gg G_P$ となり，図 8(d)

のように表せる。したがって，キャパシタの Q は，上述の条件が成立する場合，低周波においては $Q = \omega C/G_P$ となって並列コンダクタンス G_P に，中域周波においては，$Q = 1/(\omega CR)$ となって直列抵抗 R に支配される。これに対し，高周波においては，図 8(d) をさらに図 8(e) と等価とおいて，見かけの等価直列容量 C_{SE} および見かけの Q，Q_E を求めると，

$$C_{SE} = \frac{C}{1 - \omega^2 L_D C} \quad \cdots\cdots\cdots (23)$$

$$Q_E = \frac{1}{\omega C_{SE} R_{SE}} = (1 - \omega^2 L_D C) Q, \quad \text{ただし，} \quad Q = \frac{1}{\omega CR} \quad \cdots\cdots (24)$$

となる。これらの式から明らかなように，残留インダクタンス L_D の影響はいずれも角周波数 ω の 2 乗に比例するため，周波数の上昇とともに急に顕著になる。

式(24)はキャパシタの Q に対する残留インダクタンス L_D の影響を示しているが，電極およびリード線の抵抗 R 自体も表皮効果のために周波数の 1/2 乗に比例して増加し，Q を低下させる原因になる。したがって，高周波では残留インダクタンスの小さい電極構造のキャパシタを用いるとともに，リード線を極力短くす

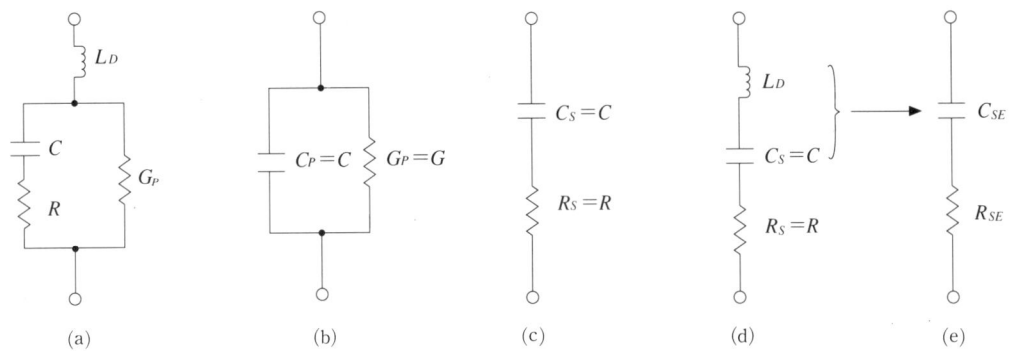

図8 キャパシタの等価回路

ることが大切である。

(2) **三端子標準キャパシタ**　標準キャパシタを三端子構成すると，低周波においては電極を支持する絶縁物のアドミッタンスおよび漂遊アドミッタンスの影響のない無損失の容量とみなすことができ，ガードで電極を囲むと遮へいになり，外部からの誘導を除くことができる(**解説4**)(p.14を参照)。

(3) **二端子標準可変キャパシタ**　測定回路の配線の残留インピーダンスは周波数の上昇に伴って大きくなる。このため，周波数が高くなると，配線が複雑で長くなる三端子標準キャパシタを用いた交流ブリッジによる測定に代わって，二端子標準可変キャパシタを用いた並列置換法による測定が行われる。並列置換法は，標準可変キャパシタの端子間に試料を接続したときの端子間等価並列容量の増加分をキャパシタの容量を減少させて打ち消し，もとの容量と等しくしたときのキャパシタの等価並列容量減少量をもって試料の容量とする。この際，キャパシタの直列抵抗に基づく標準キャパシタ自体の等価並列コンダクタンスの変化および残留インダクタンスに基づく容量置換誤差の二つの問題が生じる。したがって，Qが大きく安定で，残留インダクタンスの小さい標準可変キャパシタを用いなければならない。

5.3.2 コンダクタンス標準

(1) **抵抗の等価回路**　低周波においては抵抗体がコンダクタンスの標準として用いられるが，抵抗体には必ず漂遊容量があり，周波数が高くなってこの漂遊容量を流れる電流が無視できなくなると，標準としての機能を失う。したがって，標準として使用できるのは，抵抗体の等価並列コンダクタンス$G_P = 1/R$が漂遊容量C_DのサセプタンスωC_D(ω：角周波数)より十分大きい場合に限られ，極端に高い抵抗値の抵抗体の使用，高い周波数における使用はいずれも好ましくない(**参考5**)。

(2) **半値幅容量**　高周波では，共振回路がアドミッタンス測定によく用いられる。共振曲線の半値幅容量ΔCと共振回路の等価並列コンダクタンスG_Pの間には，

$$G_P = \frac{\omega \Delta C}{2} \quad \cdots\cdots\cdots\cdots (25)$$

の関係があるので，半値幅容量ΔC(**解説9**)は高周波において信頼性の高いコンダクタンス標準として用いることができる。

参考5．抵抗体の等価回路

高周波における抵抗体の等価回路は，**参考図4**(a)のように抵抗R，漂遊容量C_Dに加えて残留インダクタンス

L_Dを考えなければならない。**参考図4**(a)を(b)と等価とおけば，そのインピーダンス$Z_{SE}=R_{SE}+jX_{SE}$の抵抗分R_{SE}およびリアクタンス分X_{SE}は，$\omega^2 L_D C_D \ll 1$，$(\omega C_D R)^2 \ll 1$（ω：角周波数）のとき，

$$R_{SE}=R \quad \cdots\cdots\cdots\cdots\cdots\cdots\cdots\cdots\cdots\cdots\text{(参6)}$$
$$X_{SE}=\omega(L_D-C_D R^2) \quad \cdots\cdots\cdots\cdots\cdots\cdots\cdots\text{(参7)}$$

となる。$L_D/R-C_D R$を抵抗の時定数というが，$L_D/R-C_D R=0$を満足するようにすると，$X_{SE}=0$となり，かなり高い周波数まで純抵抗として動作する。しかし，さらに周波数が高くなり，$\omega^2 L_D C_D \ll 1$（ω：角周波数），$(\omega C_D R)^2 \ll 1$が成立しなくなると，抵抗体をコンダクタンス標準として使用することは困難になる。この周波数は抵抗体の抵抗値の大きさ，構造，要求される測定確度によって異なる。

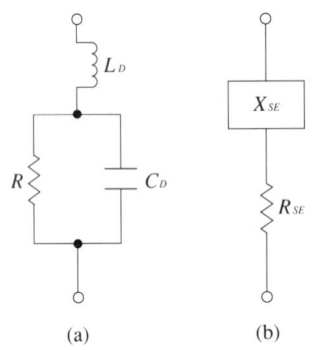

参考図4 抵抗体の等価回路

解説 9．半値幅容量

解説図8(a)および(b)のLC並列および直列共振回路において，容量Cを変化させ，その端子電圧V_0が最大値（共振電圧）を示したときの電圧の大きさV_{00}と，そのときの容量（共振容量）C_0の前後において，容量Cの端子電圧の大きさV_0が共振電圧の大きさV_{00}の$1/\sqrt{2}$，すなわちV_0を入力とする2乗検波器の出力電圧が共振時出力電圧の1/2になる二つの容量値，C_AおよびC_Bを求める。角周波数をωとすると，容量Cの端子からみた回路の全等価並列コンダクタンスGとC_A，C_Bの差$\Delta C=C_B-C_A$の間には，$Q=\omega C_0/G \gg 1$のとき，

$$G=\frac{\omega \Delta C}{2} \quad \cdots\cdots\cdots\cdots\cdots\cdots\cdots\cdots\cdots\cdots\text{(解6)}$$

の関係がある。したがって，ΔC（半値幅容量）を測定すれば，容量Cの端子からみた回路の全等価並列コンダクタンスGを求めることができ，これを基準として容量端子間に接続される未知コンダクタンスG_Xを測定することができる。

未知コンダクタンスG_Xの測定は以下の手順によって行われる。**解説図8**(d)のように，まず，共振回路の容量Cを変化させ，共振電圧の大きさV_{00}と半値幅容量ΔC_0を測定する。次に，未知コンダクタンスG_Xを容量Cと並列に接続し，再び共振回路の容量Cを変化させ，共振電圧の大きさV_{01}と半値幅容量ΔC_1を測定する。未知コンダクタンスG_Xは，

$$G_X=\frac{\omega(\Delta C_1-\Delta C_0)}{2} \quad \cdots\cdots\cdots\cdots\cdots\cdots\cdots\text{(解7)}$$

から求められる。

未知コンダクタンスG_Xが小さい場合には，ΔC_1とΔC_0の差が小さくなり，誤差が大きくなる。このような場合には，

$$G_X=\frac{\omega \Delta C_0}{2}\left(\frac{V_{00}}{V_{01}}-1\right) \quad \cdots\cdots\cdots\cdots\cdots\cdots\text{(解8)}$$

から未知コンダクタンスG_Xを求め得る。

共振回路のQが高い場合，すなわち，$Q=\omega C_0/G_0 \gg 1$のときは，半値幅容量ΔCが小さくなり，正確な測定が困難になることがある。このような場合には，共振容量C_0の両側において容量Cの端子電圧の大きさV_0が共振電圧の大きさV_{00}の$1/\sqrt{5}$，すなわちV_0を入力とする2乗検波器の出力電圧が共振時出力電圧の1/5になる容量の差（1/5幅容量）を測定する。**解説図8**(c)のように，1/5幅容量は$2\Delta C$，すなわち半値幅容量ΔCの2倍になり，測定が容易になる。

この測定を正確に行うためには，電圧比測定のための分解能の高い交流電圧計と，半値幅容量測定のための高分解能標準可変キャパシタが必要である。しかしながら，正確に把握することが困難な電圧の絶対値と共振容量値を知る必要はない。したがって，広い周波数帯域にわたって信頼できる高確度のコンダクタンス標準と

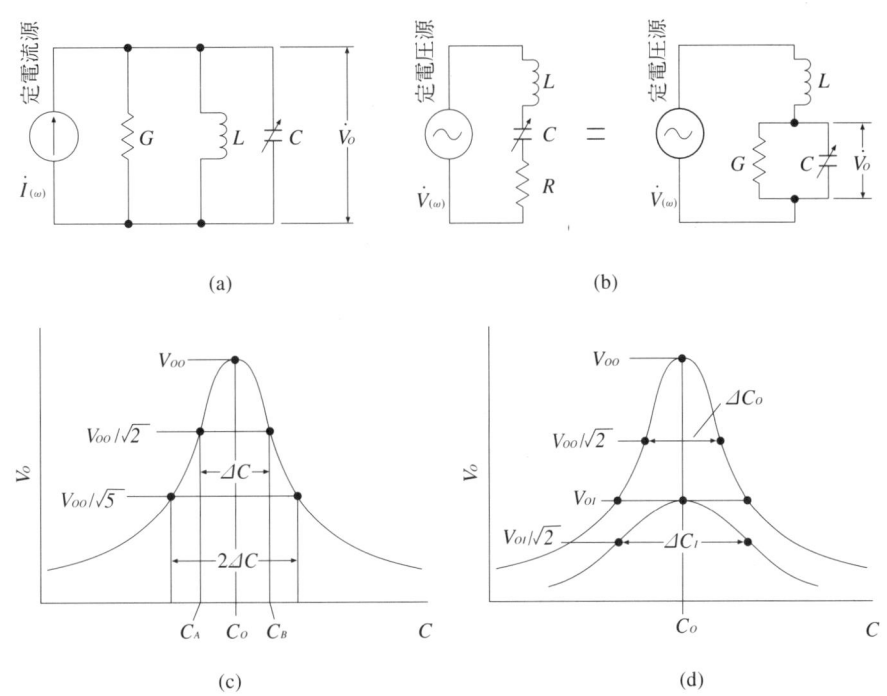

解説図8 共振回路の半値幅容量

なる。

5.3.3 標準物質
試料と標準物質の比誘電率,誘電正接を置換法によって直接比較する場合は比誘電率と誘電正接の標準になる物質が必要である。

(1) **空 気** 真空は比誘電率が1の無損失空間であり理想的な比誘電率の基準であるが,電極間を真空にすることは困難なため,代わりに空気がよく用いられる。乾燥した空気の損失は零とみなしてよく,23°C,1気圧の空気の比誘電率は$\varepsilon_r=1.000536$で,1との差ε_r-1は絶対温度に反比例し大気圧に比例する。ε_rは1に極めて近いので,特に高確度を要求される場合以外は真空の比誘電率すなわち1とみなしてよい。

(2) **標準液** 高周波において液体試料を測定する際に使用する二端子セル(**5.1.2**参照)の電極定数の決定には,比誘電率の異なる2種類の液体が必要である。また。固体試験片と標準液とを比較する場合,比誘電率が互いに近いほうが比誘電率,誘電正接ともに測定確度が高く,特に高い確度の測定が必要な場合には2種類の標準液を用いることもある。このように,しばしば空気以外の比誘電率が既知の液体が必要になるので,比誘電率が正確に規定されており,その維持が容易ないく種類かの標準液(**参考6**)が用いられている。

参考 6. 標準液の例

(1) **無水ベンゼン** 無水ベンゼン(C_6H_6)の比誘電率ε_rは,

20°C $\varepsilon_r=2.284$
25°C $\varepsilon_r=2.274$

温度係数:$\alpha=\dfrac{d\varepsilon_r}{dT}=-0.0020/°C$

である。温度T(°C)におけるベンゼンの比誘電率は,10〜60°Cの範囲では,

$$\varepsilon_r=2.274-0.0020(T-25) \quad\cdots\cdots(\text{参}8)$$

から求められる。ドライライト(Drierite, $CaSO_4$)で脱湿したものは9.2GHzまで比誘電率が変化せず無損

失であることが知られている。ベンゼンは毒性が強いので使用の際注意が必要である。

(2) **シクロヘキサン** シクロヘキサン(C_6H_{12})の比誘電率ε_rは，

  20℃ $\varepsilon_r = 2.02280 \pm 0.00004$
  25℃ $\varepsilon_r = 2.01517 \pm 0.00004$
  30℃ $\varepsilon_r = 2.00733 \pm 0.00004$ (周波数0.75〜12kHzの測定値)

10〜40℃における温度係数：$\alpha = \dfrac{d\varepsilon_r}{dT} = -0.00154/℃$

である。10〜40℃の範囲では，温度T(℃)におけるシクロヘキサンの比誘電率は，

$$\varepsilon_r = 2.01517 - 0.00154(T-25) \quad \cdots\cdots\cdots\cdots (\text{参}9)$$

から求められる。20℃において水で飽和させた試料とドライライトで脱湿した試料を30℃で比較すると，比誘電率に(6〜8)/20000の増加が認められる。このため，使用に際し0.04％の誤差があり得るが，相対湿度65％以下の大気中でセル中の空気と置換した場合の誤差は0.01％以下である。ドライライトで脱湿して用いる。

(3) **モノクロルベンゼン** モノクロルベンゼン(C_6H_5Cl)の比誘電率ε_rは，

  20℃ $\varepsilon_r = 5.708$
  25℃ $\varepsilon_r = 5.621$

温度係数：$\alpha = \dfrac{d(\log_{10}\varepsilon_r)}{dT} = -0.00133/℃$

である。10〜30℃の範囲では，温度T(℃)におけるモノクロルベンゼンの比誘電率は，

$$\varepsilon_r = 10\{0.00133(25-T) + \log_{10}5.621\} \quad \cdots\cdots\cdots\cdots (\text{参}10)$$

から求められる。ドライライトで脱湿して用いる。モノクロルベンゼンは毒性があるので使用の際注意が必要である。

(4) **1,2-ジクロルエタン** 1,2-ジクロルエタン($C_2H_4Cl_2$)の比誘電率ε_rは，

  20℃ $\varepsilon_r = 10.6493 \pm 0.0008$
  25℃ $\varepsilon_r = 10.3551 \pm 0.0013$
  30℃ $\varepsilon_r = 10.0754 \pm 0.0011$ (周波数3kHzの測定値)

である。10〜40℃の範囲では，温度T(℃)におけるジクロルエタンの比誘電率ε_rは，

$$\varepsilon_r = 11.9480 - 7.03068 \times 10^{-2}T + 2.7548 \times 10^{-4}T^2 - 4.22 \times 10^{-7}T^3 \cdots (\text{参}11)$$

から求められる。21℃において水で飽和させた試料をドライライトで脱湿した試料と25℃で比較すると，比誘電率に0.87％の増加が認められる。相対湿度50％以下の大気中でセル中の空気と置換した場合の誤差は0.01％以下である。ドライライトで脱湿して用いる。ジクロルエタンは毒性があるので使用の際注意が必要である。

(5) **ニトロベンゼン** ニトロベンゼン($C_6H_5NO_2$)の比誘電率ε_rは，

  20℃ $\varepsilon_r = 35.7037 \pm 0.0010$
  25℃ $\varepsilon_r = 34.7416 \pm 0.0010$
  30℃ $\varepsilon_r = 33.8134 \pm 0.0030$ (周波数0.75〜12kHzの測定値)

である。10〜40℃の範囲では，温度T(℃)におけるニトロベンゼンの比誘電率ε_rは，

$$\varepsilon_r = 39.9278 - 0.226899T + 8.0801 \times 10^{-4}T^2 - 1.267 \times 10^{-6}T^3 \quad \cdots\cdots\cdots\cdots (\text{参}12)$$

から求められる。ニトロベンゼンの導電率は30℃で0.75〜1.5×10^{-9}Scm^{-1}であり，界面分極によって周波数の低下とともに比誘電率が増加する。上の値は周波数の逆数と実測値の関係を求め十分高い周波数の値を外挿した結果である。21℃において水で飽和させた試料をドライライトで脱湿した試料と25℃で比較すると，比誘電率に0.17％の増加が認められる。相対湿度65％以下の大気中でセル中の空気と置換した場合の誤差は0.01％以下である。ドライライトで脱湿して用いる。ニトロベンゼンは毒性があるので使用の際注意が必要である。

(6) **低粘度シリコーンオイル** ベンゼンは無損失であるため比誘電率2〜3の低損失固体試料を測定する際の理想的標準液となるが，有機溶剤の一種で試料を溶解しやすい上に毒性が強いので，代わりに低粘度シリコーンオイルがよく用いられる。純度の高い1.0×10^{-6}m^2/sシリコーンオイルは100kHz〜1MHzにおいてベンゼンとよく似た特性をもっており，温度25℃の比誘電率は約2.3，誘電正接は5×10^{-6}以下で，比誘電率の温度係数は，約-2.55×10^{-3}/℃である。ベンゼンと異なる点は製品ごとに比誘電率，誘電正接が多少異なり，時間の経過とともにその比誘電率がわずかずつ大きくなっていく傾向があることで，三端子セルで比誘電率を測定してから使用すべきである。

無水ベンゼン，シクロヘキサン，モノクロルベンゼン，1,2-ジクロルエタンおよび1×10^{-6}m^2/sシリコーンオイルは，100MHzまで比誘電率の周波数依存性が認められないので，低周波で測定された比誘電率

値を100MHzまで標準として使用することができる。

有機溶剤などの使用に際しては，その毒性に十分注意をする必要がある[1]。

注(1) 「労働安全衛生法施行令，別表3，特定化学物質等障害予防規則」

(3) **標準固体試験片**　液体試料の測定の際，比誘電率，誘電正接，厚さが正確に測定されている均一な厚さの固体試験片が標準として用いられる。固いこと，熱膨張係数が小さいこと，比誘電率の温度，周波数依存性が少ないこと，誘電正接が小さく，温度，周波数依存性が少ないこと，化学的に安定なことが標準として要求される(**参考7**)。

参考 7.　標準固体試験片の例
(1) **溶融石英**　純度の高い溶融石英は，100MHzまで比誘電率，誘電正接ともにほとんど変化しない損失の極めて少ない低膨張係数の物質で，広い周波数にわたって液体試料測定のための標準として用い得る。100MHz以下の比誘電率は約3.8で，誘電正接は10×10^{-6}以下である。
(2) **FEP(Fluorinated Ethylene Propylene resin)**　無極性，化学的，熱的に極めて安定である。比誘電率は約2，誘電正接は1kHzにおいて6×10^{-6}程度である。

6. 試　料

6.1 固体試料

6.1.1 形　状
固体試料の測定には，多くの場合その成形の容易さからフィルム状あるいは板状試験片が用いられる。一対の電極で板状試験片を挟んでキャパシタを形成し，そのアドミッタンスを測定するが，低周波では，キャパシタのサセプタンスが小さくなり，漂遊アドミッタンスの影響を受けやすくなるので，広い面積の電極で薄い試験片を用いて測定する。これに対し，高周波では，キャパシタのインピーダンスが小さくなり，残留インピーダンスの影響を受けやすくなるので，狭い面積の電極で厚い試験片を用いて測定する。一般に試験片は，その上下面が平行かつ滑らかな平面であることが要求される。多くの固体板状試験片を用いた測定では，試験片の平均の厚さを正確に求める必要があり，このような場合，比誘電率測定誤差の最大の原因は試験片の平均厚測定誤差にある。したがって，極端に薄い試験片は[1]，平均の厚さを正確に求めることが困難なため好ましくない。また，極端に厚い試験片も縁端容量の影響が大きくなるので好ましくない。

注(1) 非常に薄いフィルム状試験片の場合には，数枚以上を重ね合わせて試験片とすることにより，測定を行うことができる。ただし，フィルム間に空気が入らないように注意することが必要である。

6.1.2 厚さおよび面積
通常，低周波では直径50〜100mm，高周波では直径30mm程度の面積の電極を用い，電極直径の1/100〜5/100程度の厚さの試験片(厚さ0.3〜5.0mm程度)を測定する。電極が三端子構成の場合は，ガード電極の幅は試験片の厚さの少なくとも2倍以上あり，試験片はこのガード外径と等しいか，ガードからはみ出す広さが必要である。二端子構成の電極で電極直径と等しい大きさの試験片を測定するときは，縁端容量の補正が必要である。縁端容量の変化が少ないシールドリング付二端子電極(**参考4**)(p.18を参照)を用いるときは，試験片の厚さの2倍以上電極からはみ出す大きさの試験片であれば大きさに制約はなく，縁端容量の補正は不要である。

6.1.3 平均の厚さの測定[2]
試験片の簡便な平均の厚さの測定には，ダイヤルゲージ，マイクロメータなどの測長具が用いられる。このような測長具を用いる場合は，試験片の電極間に入る部分全体にわたって測定箇

所が均一に分布していなくてはならない。また，試験片が柔らかい場合には，測定圧による変形にも注意が必要である[3]。通常，1.5mm程度の厚さがあれば，10回前後の測定結果を平均して1％程度の測定確度が得られる。さらに高い確度が必要な場合には，その大部分が電極間に入る大きさの試験片を準備し，比重と質量，面積を測定して平均の厚さを算出すると正確な結果が得られる。

注(2) 厚さの測定方法としては，たとえばJIS K 6911-1995「熱硬化性プラスチック一般試験方法」に記載されている方法がある。

注(3) 測定圧の規定は，たとえばJIS C 2111-1995「電気絶縁紙試験方法」に記載されている。

6.1.4 前処理

(1) **クリーニング** 試験片が汚れていると，測定確度を低下させ，また，電極の試験片表面への密着を妨げるので，適当な溶剤によりクリーニングを行い，さらに十分乾燥させて揮発成分を除かなければならない。この処理は，特に空気中において低い周波数領域(商用周波数～1kHz)で測定する場合には必要である。高い周波数領域でも，液体置換法を用いる場合には，液体媒体を汚染させないために，試験片を十分にクリーニングし，乾燥しなければならない。クリーニングを終わった試験片は，測定前に再び汚れないように，取扱いおよび保管に十分注意しなければならない。

(2) **調湿** クリーニングおよび乾燥を終わった試験片は，恒温恒湿槽などのような密閉容器内で放置して調湿する[4]。一般に，試験片の内部まで一様な状態に達するには相当長い時間を要する[5]。調湿時間を十分にとれない場合には，試験片を薄くするか，あるいは試料によっては乾燥状態で測定する。また，単なる比較試験の場合には，所要調湿時間経過前に測定を行う場合もある。

注(4) 調湿方法については，電気学会技術報告（Ⅰ部）第1号(昭和29年)「板状試験片の前処理および湿度調節法に関する検討」に詳細に述べられている。

注(5) たとえば，JIS K 6911-1995「熱硬化性プラスチック一般試験方法」では，誘電率および誘電正接を測定する際の試験片の前処理条件として，温度20±2℃，湿度65±5％RHの雰囲気中で90$^{+8}_{-0}$h，放置することを規定している。

6.1.5 電極の形成
電極を試験片に密着させて測定を行う場合は5.1.1(3)に従って試験片の表面に電極を形成することが望ましい。電極形成後試験片の調湿を必要とする場合には適切な電極材料および形成法を選択しなければならない(**解説6**)(p.22を参照)。

6.2 液体試料（解説10）

6.2.1 試料の採取
液体試料の採取[6]では，汚染，吸湿などの影響を避けることが必要である。特殊な取扱いを要する液体試料については，別に定められた規格[7]を参照しなければならない。

注(6) 液体試料の採取に関しては，たとえば次の規格中の4.試験採取の項に定められている。
　　　JIS C 2101-1993　　電気絶縁油試験方法

注(7) 特殊な取扱いを要する液体試料の採取に関しては，たとえば次のような規格がある。
　　　JIS K 2251-1991　　原油および石油製品試料採取方法
　　　JIS K 2420-1993　　芳香族製品およびタール製品試料採取方法
　　　JIS K 2240-1991　　液化石油ガス（ＬＰガス）

6.2.2 取扱上の注意
試験に先立ち，電極および容器は十分洗浄，乾燥しておく(**参考8**)。吸湿性の液体，酸化しやすい液体，およびガス溶解性の大きい液体の測定に際しては，液面をでき得る限り空気にさらさないように注意する。一般に液体の比誘電率の温度係数は固体よりもはるかに大きい。したがって，温度を明確にし，一定温度の下で測定を行う。種々の濃度の試料を連続して試験する場合は，低濃度の液体から順次高濃度の液体へ移行するのが望ましい。

備考 個々の絶縁材料を試験する際に特に要求されている事項，たとえば試験片の寸法形状，調湿法などの前処理法，試験条件などについては，材料ごとに別に定められた規格を参照し，本通則の趣旨に従って試験を行わなければならない。

誘電率および誘電正接試験に関しては，たとえば次のような規格がある。

JIS C 2111-1995	電気絶縁紙試験方法
JIS C 2141-1992	電気絶縁用セラミック材料試験方法
JIS C 2307-1995	電力ケーブル用絶縁紙
JIS C 2318-1997	電気用ポリエチレンテレフタレートフィルム
JIS C 6481-1996	プリント配線板用銅張積層板試験方法
JIS K 6911-1995	熱硬化性プラスチック一般試験方法
JIS K 6918-1995	ジアリルフタレート樹脂成形材料

特殊な形状の試験片を用いる場合は次の点に注意を要する。

(1) **管** 成形管，積層管，磁製管などの管状試験片を試験する場合には，厚さが均一で，その表面は平滑であるものが望ましい。試験片の長さは，希望する確度で測定可能な容量が得られるように選ばなければならない。管状試験片の内面に電極を取り付けることが困難な場合は，切り出しなどの方法により，板状試験片を準備しなければならない。

(2) **塗 膜**[8] 絶縁ワニス，ラッカ，ペイントなどの塗膜を測定する場合には，試料が塗布されている金属板（たとえば，ブリキ板，銅板など）を一方の電極とし，塗膜の表面に形成した電極（**解説 6**）(p.22を参照)を他方の電極として試験片を構成する。その電極面積は希望する確度で測定可能な容量が得られるように選ばなければならない。

注[8] 同様な形態の試験片に対する規格として，**JIS C 2103**-1991「電気絶縁用ワニス試験方法」などがある。

解説10. 液体試料の取扱い

試料の採取量は，通常2回ないし3回の測定に十分足るものとする。

測定の確度および再現性を確保するためには，試料の採取に先立って電極容器を十分洗浄しなければならない（**参考**8参照）。なお，高温で試験を行う際には，試料の酸化を防ぐために不活性ガス置換を行うことがある。

参考 8. 電極容器の前処理

電極容器の前処理は次のような手順で行う（**JIS C 2101**-1993参照）。

(a) 分解：電極容器を中心電極および容器に分解する。
(b) 洗浄-1：個々の部品を石油ベンジンなどの清浄な溶液で洗浄する。
(c) 洗浄-2：**JIS K 8034**-1995「アセトン（試薬）」に規定する1級のアセトンで2回以上洗う。超音波洗浄法による場合には，(b)洗浄-1と同じ種類の溶剤で超音波洗浄を約5分間行い，次に溶剤をアセトンに替え，超音波洗浄を約5分間行う。その後，いずれの場合もアセトンですすぎ洗い洗浄する。
(d) 乾燥：アセトンの揮発分がなくなるまで放置後，80〜100℃の乾燥器で約1時間乾燥してからデシケータ中で放冷する。
(e) 組立：繊維くず，水分などが混入しないように十分注意して，各部品を組み立てる。
(f) 共洗い：試料と同一の液体絶縁材料で1回以上洗浄する。

以上の手順を経た後，電極間に気泡が残らないように注意して，試料を充てんする。試料充てん後，減圧容器内に電極容器を入れて減圧し，気泡を除くこともある。

7. 試験方法

　低周波においては，試料を電極間に満たした一対の電極間の等価並列容量および等価並列コンダクタンスをブリッジ回路で並列あるいは直列置換で測定し，これらの値から比誘電率，誘電正接を求める三端子測定が普及している。高周波では，試料を電極間に満たした電極間の等価直列容量および等価直列抵抗をQメータなどのインピーダンス測定器で並列あるいは直列置換で測定し，これらの値から比誘電率，誘電正接を求める二端子測定が一般的である。この他に，液体置換法，間げき変化法のように電極間におかれた試料を空気，標準液などの標準物質と置換することによって比誘電率，誘電正接を正確に求める方法や，これらの方法を組み合わせて，より高確度の測定を広い周波数帯域で簡単に行う方法がある。

　測定法は，ブリッジ法，Qメータ法などのように，検出器として使用する測定器の種類によって名付けられている場合と，液体置換法，間げき変化法，容量変化法などのように，測定方法によって名付けられている場合がある。試験周波数，測定確度などに応じて適当な測定方法と測定器を選択する。

7.1 各種ブリッジ法

　交流ブリッジを検出器とした測定法である(**5.2.1**参照)。

7.1.1 シェーリングブリッジ

　図9にシェーリングブリッジの基本回路を示す。このブリッジは，遮へいが接地されている上に，試料キャパシタの等価並列容量C_{PX}は，これと隣接して並列に接続された三端子標準可変キャパシタC_Nによって並列置換で測定されるため，配線の残留インピーダンスの影響が少なく，後述の高圧シェーリングブリッジよ

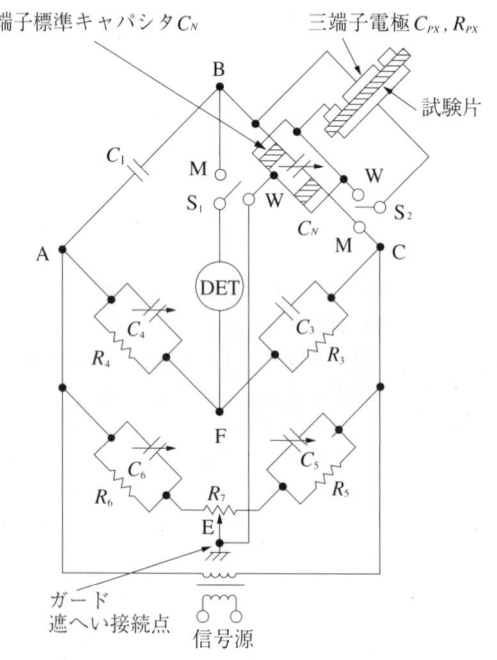

図9 シェーリングブリッジの基本回路

り高い周波数(25Hz～100kHz程度)まで用いることができる。

図9において，R_3，R_4は互いに等しい抵抗で，周波数に応じて100Hzでは100kΩ，10kHzでは10kΩ程度の値を用いる。キャパシタC_3は，標準可変キャパシタC_Nのみが回路に入っている場合，漂遊容量のために$C_4=0$にできなくてもリアクタンスの平衡条件，

$$C_1 C_3 = C_N C_4 \quad\quad\quad\quad\quad\quad\quad (26)$$

を満足させるために設けてある。

測定の手順は，まずスイッチS_1，S_2をともにM側に入れ，試料を誘電体とするキャパシタ(等価並列容量C_{PX}，等価並列抵抗R_{PX})を回路に接続した後，キャパシタC_N，C_4を調整する。さらにS_1をW側に切り換えてワグナーの平衡回路C_5，C_6，R_7を調整してブリッジの平衡をとる。以上の操作を繰り返し，スイッチS_1をいずれの側に切り換えても平衡がとれたときのキャパシタC_N，C_4の値C_{NI}，C_{4I}を測定する。次にスイッチS_2をW側に入れて試料キャパシタC_{PX}，R_{PX}を切り離し，再び同様の操作によってブリッジの平衡をとり，このときのC_N，C_4の値C_{NO}，C_{4O}を測定する。$R_{PX} \gg R_4$のとき，試料を誘電体とするキャパシタの等価並列容量および等価並列抵抗は，角周波数をωとすると，

$$C_{PX} = C_{NO} - C_{NI} \quad\quad\quad\quad\quad\quad\quad (27)$$

$$R_{PX} = \frac{1}{\omega^2 C_{NO}(C_{4I} - C_{4O})R_4} \quad\quad\quad\quad\quad\quad\quad (28)$$

より求められ，試料の比誘電率および誘電正接は，

$$\varepsilon_r = \frac{C_{PX}}{C_O} = \frac{C_{NO} - C_{NI}}{C_O} \quad\quad\quad\quad\quad\quad\quad (29)$$

$$\tan\delta = \frac{1}{\omega C_{PX} R_{PX}} = \frac{\omega C_{NO}(C_{4I} - C_{4O})R_4}{C_{NO} - C_{NI}} \quad\quad\quad\quad\quad\quad\quad (30)$$

より求められる。

なお，このブリッジは，ワグナーの平衡回路の働きにより，平衡時に検出器DETが遮へいと同電位，すなわち接地電位になる。

図10は，試験片を誘電体とするキャパシタに，100V以上の高電圧を印加して測定できるように，図9における信号源と平衡検出器DETを入れ換えたブリッジで，一般に高圧シェーリングブリッジと呼ばれている。

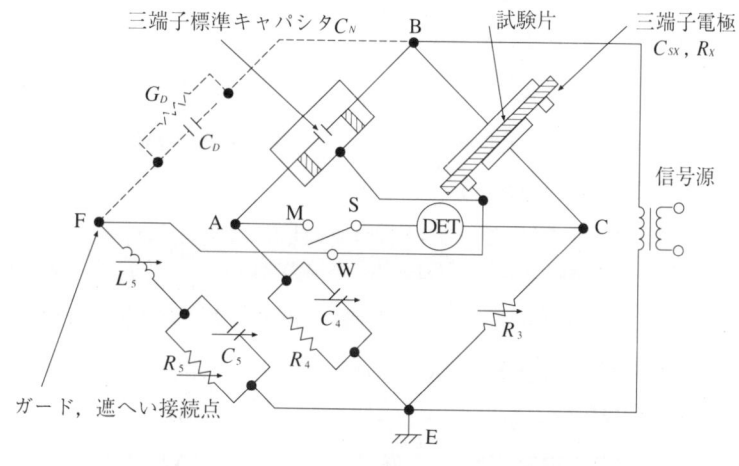

図10 高圧シェーリングブリッジ

ワグナーの平衡回路によって三端子測定ができるので漂遊容量の影響が除かれ，比較的高い確度が得られる。測定周波数は低く25Hzから10kHzで，主に商用周波数の測定に用いられる。

　図10は高圧シェーリングブリッジの基本構成を示す結線図で，三端子標準キャパシタC_NをAB間に，試料を誘電体とする三端子キャパシタをBC間に接続する。それぞれのガードは遮へいとともに容量C_5，抵抗R_5，インダクタンスL_5で構成されるワグナー平衡回路の一端Fに接続する。ここで，破線で示した回路は，ガード系と対電極との間の漂遊インピーダンスを示している。

　測定は以下の手順で行う。まずスイッチSをM側に入れると，標準キャパシタC_N，試料キャパシタ(等価直列容量C_{SX}，等価直列抵抗R_X)，抵抗R_3，および容量C_4，抵抗R_4の並列回路でブリッジが構成される。ここでR_3，C_4を調整し，平衡検出器DETの端子AC間の電位差が零になるように平衡をとる。次に，スイッチSをW側に入れると，C_NおよびC_4，R_4の辺がBF間全漂遊アドミッタンス(等価並列容量C_D，等価並列コンダクタンスG_D)および平衡回路C_5，R_5，L_5と入れ代わる。ここでC_5，R_5，L_5を調整して平衡をとる。スイッチSを切り換えることによりこの二つの操作を繰り返し，いずれの場合においても平衡がとれた状態になったとき，検出器DETの端子A，Cの電位はガードおよび遮へいの接続点Fの電位と等しくなっており，検出器DETの端子A，CとF(遮へい)の間およびB，E点とFの間の漂遊アドミッタンスの影響はなくなる。試料キャパシタの等価直列容量および等価直列抵抗は，

$$C_{SX} = \frac{R_4}{R_3} C_N \quad \cdots\cdots\cdots (31)$$

$$R_X = \frac{C_4}{C_N} R_3 \quad \cdots\cdots\cdots (32)$$

より求められ，誘電正接$\tan\delta$が1より十分小さい場合には，試料の比誘電率および誘電正接は，角周波数をωとすると，

$$\varepsilon_r = \frac{C_{SX}}{C_0} = \frac{R_4}{R_3} \frac{C_N}{C_0} \quad \cdots\cdots\cdots (33)$$

$$\tan\delta = \omega C_{SX} R_X = \omega C_4 R_4 \quad \cdots\cdots\cdots (34)$$

より求められる。ここで，C_0は電極間が真空のときの電極間容量で，面積S，間隔tの平行板対向電極の場合，縁端容量を無視すると，$C_0 = \varepsilon_0 S/t$である。

　このブリッジは，信号源トランスの二次側端子間が標準キャパシタの誘電体および試料キャパシタの試験片により絶縁されるので，かなり高い電圧を印加することができる。また，信号源トランス二次側の片方の端子を接地して用いることができるので，しばしば一端接地となっている高電圧機器用絶縁体試料の場合にも，B側を接地することにより測定することができる。ただし，検出器DETおよびガードは接地電位にはないため，さらに接地電位の遮へいが施される。

　備考　高圧シェーリングブリッジで，**図10**のBを接地して使用する場合には，比例辺および検出器(DET)も接地電位にはないため，調整用のつまみなどは人体に危険のないように十分絶縁されていなければならない。

7.1.2　変成器ブリッジ　変成器ブリッジは，平衡回路の役割をする変成器を比例辺に用いているため，ワグナーの平衡回路は不要である。回路構成が簡単なため，ガードを用いる三端子測定法であるにもかかわらず，1MHz程度の高周波まで使用できる。

　図11は変成器ブリッジの基本構成である。比例辺アドミッタンス$\dot{Y}_A$，$\dot{Y}_B$として一つの強磁性体製コアに巻かれた直流抵抗の低い一対のコイルよりなる変成器が用いられており，二つのコイルは互いに強く誘導的に

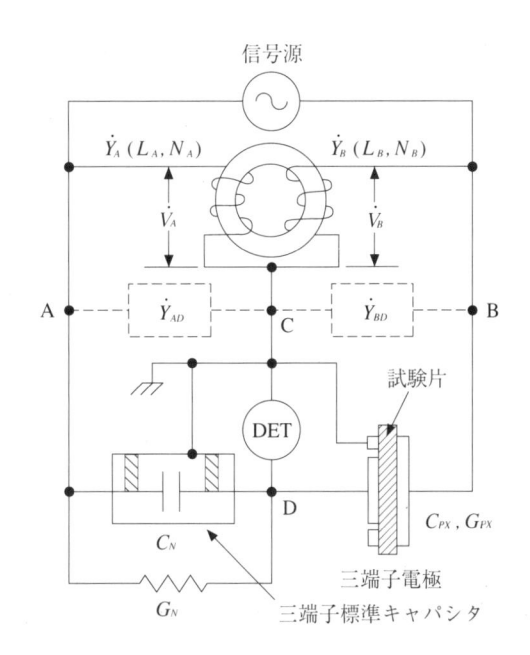

図11 変成器ブリッジの基本構成

結合し漏えい磁束がほとんどないために，その間の結合係数kは1に極めて近い。一対のコイルは互いに相加的(磁束が加わる向き)に接続されており，$k=1$，$\omega L_A \gg R_A$，$\omega L_B \gg R_B$(L_A, L_B：各コイルのインダクタンス，R_A, R_B：各コイルの等価直列抵抗)を満足するので，負荷変動による一方のコイルの電圧降下が直ちに他方のコイルに同じ割合の電圧降下をもたらす。したがって，二つのコイルの電圧比V_A/V_Bは巻数比N_A/N_Bに等しくなり，ブリッジのAC，BC間の漂遊アドミッタンス$\dot{Y}_{AD}$，$\dot{Y}_{BD}$を流れる電流は電圧比V_A/V_Bに影響を与えない。標準アドミッタンスを$G_N+j\omega C_N$，未知アドミッタンスを$G_{PX}+j\omega C_{PX}$とすると，平衡条件は，

$$C_{PX}=\frac{N_A}{N_B}C_N \quad\quad\quad (35)$$

$$G_{PX}=\frac{N_A}{N_B}G_N \quad\quad\quad (36)$$

であり，未知アドミッタンスが試料を誘電体とするキャパシタの場合，試料の比誘電率および誘電正接は，

$$\varepsilon_r=\frac{N_A}{N_B}\frac{C_N}{C_O} \quad\quad\quad (37)$$

$$\tan\delta=\frac{G_{PX}}{\omega C_{PX}}=\frac{G_N}{\omega C_N} \quad\quad\quad (38)$$

より求められる。

　変成器ブリッジは，微小コンダクタンスを測定するためのコンダクタンスシフタ，微小容量を測定するための変成器の巻数比の切換え，分圧用変成器の使用(**解説11**)など，使用に便利なように種々の回路的工夫がなされている。また，電流比較形変成器ブリッジ(**解説12**)，変成器の代わりに演算増幅器を用いたブリッジ(**解説13**)もある。

　解説11． コンダクタンスシフタおよびタップ付き変成器
　　(1)　**コンダクタンスシフタ**　　交流ブリッジで微小コンダクタンスを測定するためには，コンダクタンスシフタを用いる。この回路は，**解説図9**(a)のように容量C_N，コンダクタンスG_Nを標準として未知等価並列容量C_{PX}および未知等価並列コンダクタンスG_{PX}を測定する場合，標準コンダクタンスG_Nの代わりに，**解説図9**(b)のよう

(a)　　　　　　　　　　　　　　　(b)　　　　　　　　　　　　　　　(c)

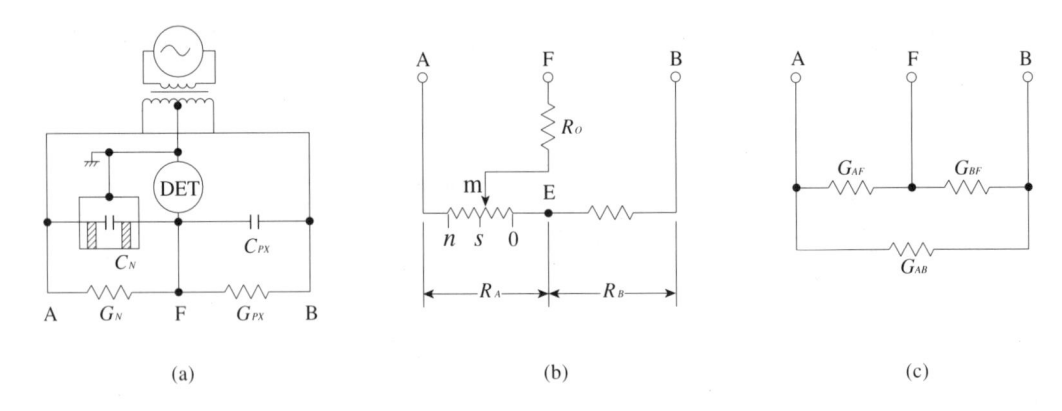

解説図9　コンダクタンスシフタ

に抵抗R_A, R_B, $R_O(=1/G_O)$よりなるY形回路を用いる。ここで，R_Aは可変抵抗，R_Bは固定抵抗で，互いに等しい比較的低い抵抗値($R_A=R_B=100\Omega\sim1k\Omega$)を有する。可変抵抗$R_A$は，E点で0，A点で$n$(通常10の倍数，100〜1000程度)となるようにn等分に目盛られており，摺(しゅう)動子mは比較的高い抵抗値の抵抗R_Oに接続されている。この回路をY-△変換すると，**解説図9**(c)の等価回路が得られ，摺動子が目盛sのところにあるときの端子AF間のコンダクタンスG_{AF}と端子BF間のコンダクタンスG_{BF}の差ΔG_Nを求めると，$R_O=1/G_O$, $G_OR_A=R_A/R_O\ll1$のとき，

$$\Delta G_N = \frac{s}{n}G_O \quad\cdots\cdots\cdots\cdots\cdots\cdots\cdots\cdots\cdots\cdots\cdots\cdots\cdots\cdots\cdots(解9)$$

となる。したがって，**解説図9**(a)においてFを基準としてA，Bに同一振幅，互いに逆位相の交流電圧が印加された場合，FB間に接続された未知アドミッタンスの等価並列コンダクタンスG_{PX}は，摺動子mを調整してブリッジの平衡をとり，そのときの目盛s_Xを読むことによって，

$$G_{PX} = \frac{s_X}{n}G_O \quad\cdots\cdots\cdots\cdots\cdots\cdots\cdots\cdots\cdots\cdots\cdots\cdots\cdots\cdots\cdots(解10)$$

より求められる。なお，**解説図9**(c)におけるAB間のコンダクタンスG_{AB}はブリッジの外にあるので平衡条件には関与しない。

(2) **タップ付き変成器，分圧用変成器**　未知キャパシタの容量C_{SX}が標準キャパシタの容量C_Nに比べて著しく小さいときには，まずおおよそのバランスをとるために変成器の巻線比N_A/N_Bを調整する。**解説図10**の精密キャパシタンスブリッジの基本回路はその一例で，巻線にタップを出して1/10に分圧した後，さらに別の分圧用

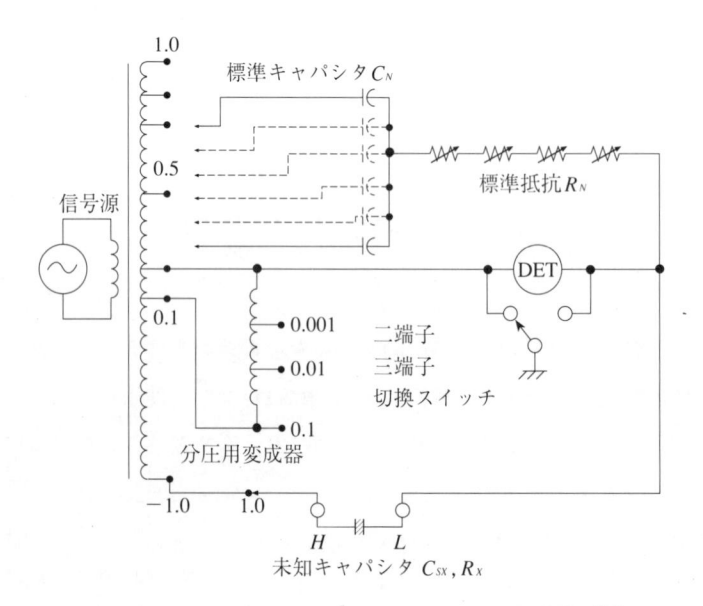

解説図10　精密キャパシタンスブリッジ基本回路（例）

変成器を接続して1/10，1/100に分圧している。これらの変成器は強磁性体の環状鉄心を用いているために入力インピーダンスが極めて高く出力インピーダンスが極めて低いので，縦続的に接続しても負荷効果が少なく正確に分圧される。

解説12．電流比較形変成器ブリッジ

解説図11は電流比較形変成器ブリッジの基本回路である。**7.1.2**の変成器ブリッジの信号源と検出器を入れ替えたブリッジであり，平衡条件は同一である。30Hz〜1kHzの低周波帯で高い確度が得られる。変成器の二つのコイルには，それぞれ標準アドミタンス$G_N+j\omega C_N$および未知アドミタンス$G_{PX}+j\omega C_{PX}$を流れる電流が通るが，平衡時には起磁力が等しくなり，互いに打ち消して変成器のコアの内部磁束は零，すなわち二つのコイルはいずれも短絡状態になる。したがって，AB間の電位は接地点Cの電位に等しくなり，漂遊アドミタンス$\dot{Y}_{AD}$および$\dot{Y}_{BD}$の影響はなくなる。回路のインピーダンスが低く，検出器がブリッジ回路から絶縁され，一端が接地できる利点があり，平衡操作を自動化したものが多い。

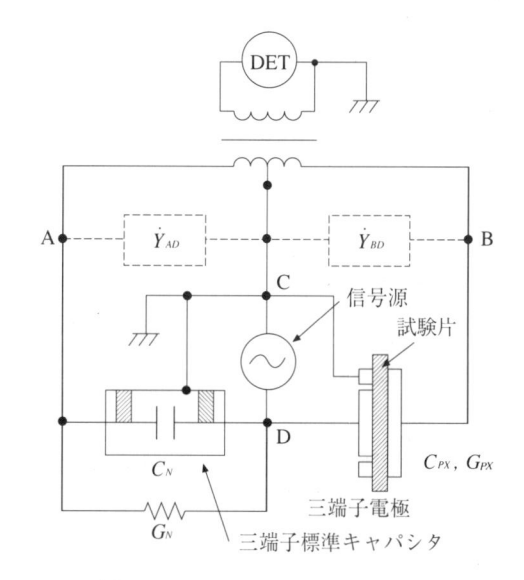

解説図11　電流比較形変成器ブリッジ

解説13．演算増幅器を用いたブリッジ

解説図12(a)および(b)は，**図11**および**解説図10**の変成器を演算増幅器に置き換えたブリッジである。いずれも逆位相の電圧を得るために反転増幅器を用いており，巻線比を調整する代わりに抵抗比R/R_oを調整する。標準キャパシタの容量をC_N，標準コンダクタンスをG_Nとすれば，試料キャパシタの等価並列容量および等価並列コンダクタンスは，

$$C_{PX}=\frac{R}{R_o}C_N \quad\cdots\cdots\cdots\cdots\cdots\cdots\cdots\cdots\cdots\cdots\cdots\cdots\cdots\cdots\cdots\cdots (解11)$$

$$G_{PX}=\frac{R}{R_o}G_N \quad\cdots\cdots\cdots\cdots\cdots\cdots\cdots\cdots\cdots\cdots\cdots\cdots\cdots\cdots\cdots\cdots (解12)$$

より求められる。

7.1.3　その他のブリッジ　以上述べたシェーリングブリッジ，変成器ブリッジの他に，抵抗比例辺ブリッジ（**解説14**），多相電源ブリッジ（**解説15**），並列T形ブリッジ（**解説16**）などが目的に応じて用いられる。

解説14．抵抗比例辺ブリッジ

抵抗を比例辺としたブリッジで，比例辺抵抗のリアクタンスが無視できる数100Hz〜100kHzの比較的低い周波数帯域で用いられる。

(1) **直列抵抗ブリッジ**　**解説図13**(a)は直列抵抗ブリッジの回路構成である。測定の手順は，まずスイッチS_1，S_2をともにM側に入れ，試料キャパシタ（等価並列容量C_{PX}，等価並列抵抗R_{PX}）を回路に接続した後，キャパシタC_N，抵抗R_1を調整しブリッジの平衡をとる。さらにS_1をW側に切り換えてワグナーの平衡回路のC_5，C_6，R_7を調整して再びブリッジの平衡をとる。以上の操作を繰り返し，スイッチS_1をいずれの側に切り換えても平衡がとれたとき，キャパシタC_Nの値C_{N1}，抵抗R_1の値R_{11}を読む。次にスイッチS_2をW側に入れて試料キャパシタC_{PX}，R_{PX}を切り離し，同様の操作によってブリッジの平衡をとり，このときのC_Nの値C_{N0}，

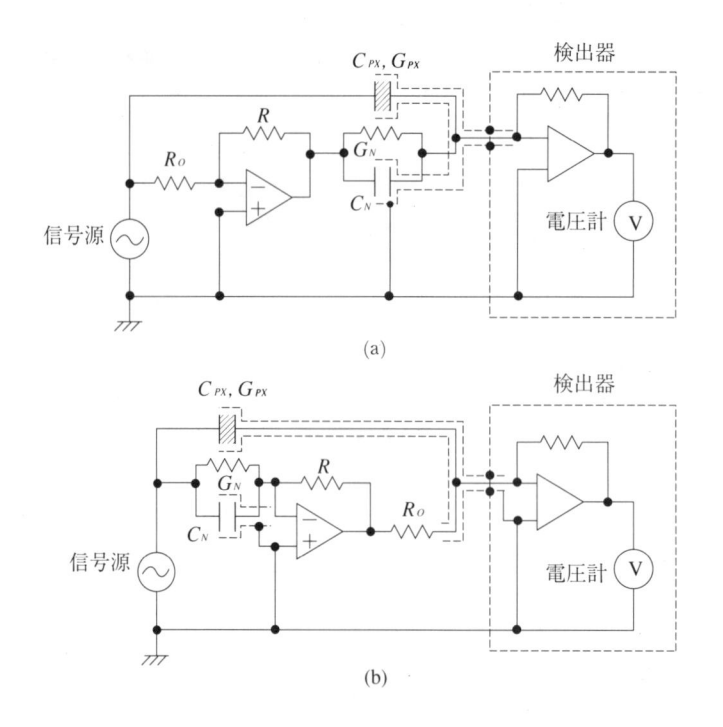

解説図12 演算増幅器を用いたブリッジ

R_1の値R_{1o}を読む。試料キャパシタの等価並列容量および等価並列抵抗は，角周波数をωとすると，$R_{1I} \ll R_{PX}$のとき，

$$C_{PX} = C_{NO} - C_{NI} \quad \cdots\cdots\cdots\cdots\cdots\cdots\cdots\cdots\cdots\cdots\cdots\cdots\cdots\cdots (解13)$$

$$R_{PX} = \frac{1}{\omega^2 C_1 C_{NO}(R_{1I} - R_{1o})} \quad \cdots\cdots\cdots\cdots\cdots\cdots\cdots\cdots (解14)$$

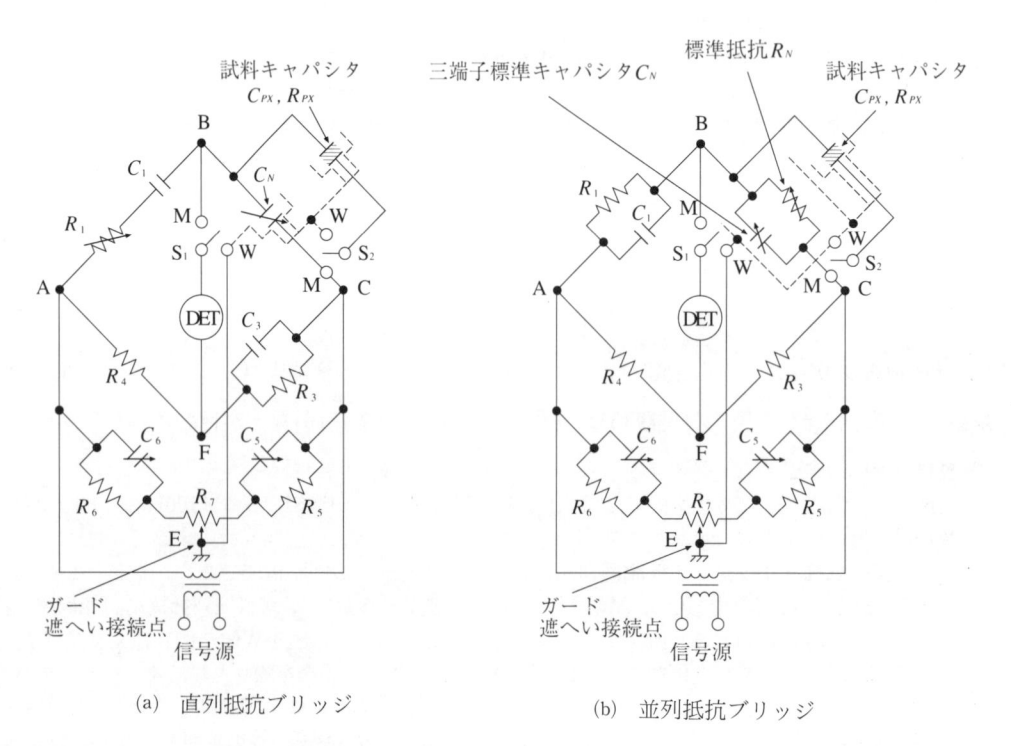

(a) 直列抵抗ブリッジ (b) 並列抵抗ブリッジ

解説図13 抵抗比例辺ブリッジ

— 42 —

より求められる。なお，キャパシタC_3は，標準可変キャパシタC_Nのみが回路に接続されている場合，漂遊容量のために平衡がとれなくなるのを防ぐためのもので，必要最小限の容量に留める。

(2) **並列抵抗ブリッジ**　**解説図13**(b)は並列抵抗ブリッジの回路構成である。**解説図13**(a)直列抵抗ブリッジの回路において抵抗分の平衡をとるために用いた可変抵抗R_1の代わりに，標準可変キャパシタC_Nと並列に接続された標準可変抵抗R_Nを用いている。試料キャパシタ(等価並列容量C_{PX}，等価並列抵抗R_{PX})を回路に接続し，標準可変キャパシタC_Nおよび標準可変抵抗R_Nを用い，直列抵抗ブリッジと同様の手順により平衡をとったときのキャパシタC_Nの値をC_{N1}，抵抗R_Nの値をR_{N1}とする。次に，試料キャパシタを切り離し平衡をとったときのキャパシタC_Nの値をC_{N0}，抵抗R_Nの値をR_{N0}とする。試料キャパシタの等価並列容量および等価並列抵抗は，

$$C_{PX} = C_{N0} - C_{N1} \quad \cdots\cdots\cdots\cdots\cdots\cdots\cdots\cdots\cdots\cdots\cdots\cdots\cdots\cdots (解15)$$

$$R_{PX} = \frac{R_{N1} R_{N0}}{R_{N1} - R_{N0}} \quad \cdots\cdots\cdots\cdots\cdots\cdots\cdots\cdots\cdots\cdots\cdots\cdots (解16)$$

より求められる。

特に低いコンダクタンスを測定するためには，可変標準抵抗R_Nの代わりにコンダクタンスシフタ(**解説11**(1))をABC間に接続した超低周波ブリッジが用いられる。その使用周波数範囲は0.2～10Hzである。

解説15. 多相電源ブリッジ

0.1Hz～1MHzの周波数範囲で三端子測定を行えるブリッジで，電源として**解説図14**のように，基準信号電圧V_1と，これに対してそれぞれπおよび$\pi/2$の位相差を有する同振幅電圧V_2，V_3が必要である。位相差πの電圧は利得1の反転増幅器を信号源V_1に接続して取り出す。

試料キャパシタを接続し，二つの標準可変キャパシタを調整して平衡をとったとき，その容量値をそれぞれC_1，C_2とすれば，試料キャパシタの等価並列容量C_{PX}および等価並列抵抗R_{PX}は，角周波数をωとすると，

$$C_{PX} = C_1 \quad \cdots\cdots\cdots\cdots\cdots\cdots\cdots\cdots\cdots\cdots\cdots\cdots\cdots\cdots\cdots\cdots (解17)$$

$$R_{PX} = \frac{1}{\omega C_2} \quad \cdots\cdots\cdots\cdots\cdots\cdots\cdots\cdots\cdots\cdots\cdots\cdots\cdots\cdots (解18)$$

より求められる。

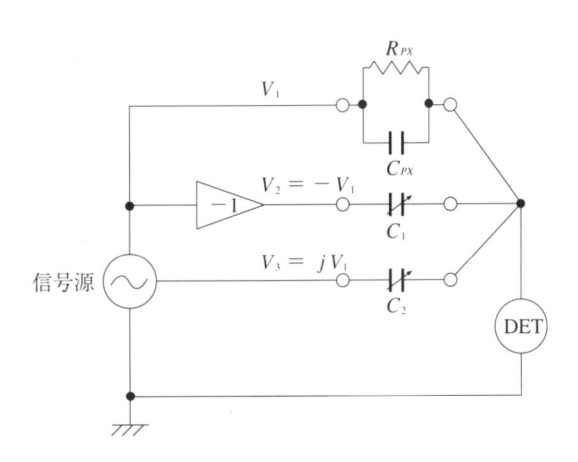

解説図14　多相電源ブリッジ

解説16. 並列T形ブリッジ

1～150MHzの周波数範囲で二端子測定を行うブリッジである。したがって，ガードは使用できない。

解説図15において，まず試料キャパシタを接続せずに，二つの可変標準キャパシタC_3，C_5を調整して平衡をとり，そのときの値C_{30}，C_{50}を読む。次に試料キャパシタを接続して，再び二つの可変標準キャパシタC_3，C_5を調整し平衡をとり，その値C_{31}，C_{51}を読む。試料キャパシタの等価並列容量C_{PX}および等価並列コンダクタンスG_{PX}は，角周波数をωとすると，

$$C_{PX} = C_{30} - C_{31} \quad \cdots\cdots\cdots\cdots\cdots\cdots\cdots\cdots\cdots\cdots\cdots\cdots (解19)$$

$$G_{PX} = \frac{\omega^2 C_1 C_2 R (C_{51} - C_{50})}{C_4} \quad \cdots\cdots\cdots\cdots\cdots\cdots\cdots\cdots (解20)$$

より求められる。

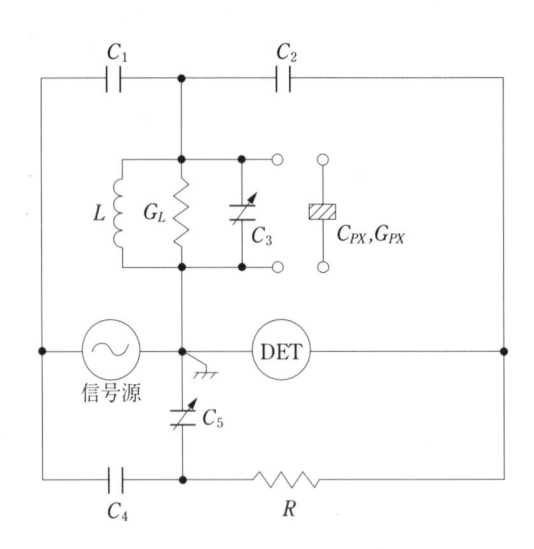

解説図15 並列T形ブリッジ

7.2 インピーダンス・メータ法

　キャパシタに印加した電圧と流れる電流から，キャパシタの等価並列容量と等価並列抵抗を測定する方法で，LCRメータはこの方式が多い。ブリッジ法より分解能が低いために低損失試料の測定は困難であるが，標準キャパシタを必要としない簡便な測定法で，0.1Hz～10MHzの周波数で使用されている。

　図12はインピーダンス・メータ法による測定回路の一例である。試料を誘電体とするキャパシタ(等価並列容量C_{PX}，等価並列抵抗R_{PX})に角周波数ωの電圧$\dot{V}_S$が印加されたときに流れる電流$\dot{I}_X$を，演算増幅器Aと抵抗R_Nで電圧に変換すると，

$$\dot{V}_X = -\dot{I}_X R_N = -\left(\frac{1}{R_{PX}} + j\omega C_{PX}\right)\dot{V}_S R_N \cdots\cdots (39)$$

の出力が得られる。この電圧を，印加電圧$\dot{V}_S$を基準として位相弁別し，$\pi/2$進相および同相の電圧の大きさとしてそれぞれV_CおよびV_Rを得て，

$$C_{PX} = \frac{1}{\omega R_N}\frac{V_C}{V_S} \cdots\cdots (40)$$

$$R_{PX} = R_N \frac{V_S}{V_R} \cdots\cdots (41)$$

より，キャパシタの等価並列容量C_{PX}，等価並列抵抗R_{PX}を求める。試料の比誘電率および誘電正接は，C_0を電

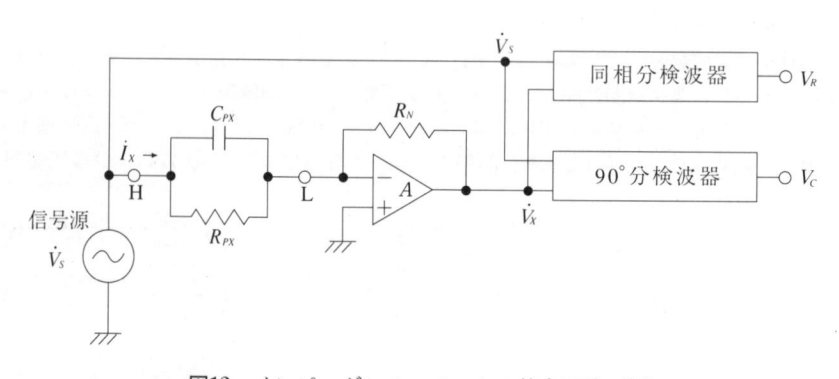

図12 インピーダンス・メータの基本回路（例）

極間が真空のときの電極間容量とすれば，

$$\varepsilon_r = \frac{C_{PX}}{C_0} = \frac{1}{\omega R_N} \frac{V_C}{V_S} \frac{1}{C_0} \quad \cdots\cdots(42)$$

$$\tan\delta = \frac{1}{\omega C_{PX} R_{PX}} = \frac{V_R}{V_C} \quad \cdots\cdots(43)$$

より求められる。

7.3 Qメータ法

共振回路による二端子測定法で，50kHz～100MHzの比較的高い周波数で用いられる。固体板状試料を測定する場合には，通常，電極間隔を調整できるガードのない二端子マイクロメータ電極を用いる。

7.3.1 Qメータ Qメータは，**図13**のように周波数が調整できる定出力振幅の正弦波信号源OSC，結合トランスT，標準可変キャパシタC_Nおよび高入力インピーダンス高周波電圧計Mより構成されており，信号源OSCは，結合トランスTを通してL測定端子に接続された補助インダクタLおよび標準可変キャパシタC_Nで形成される直列共振回路に一定振幅の電圧を供給する。高周波電圧計Mは，結合トランスTの二次巻線に現れる電圧で標準可変キャパシタC_Nの端子電圧を割った値（回路のQ値）を示すように目盛ってある。

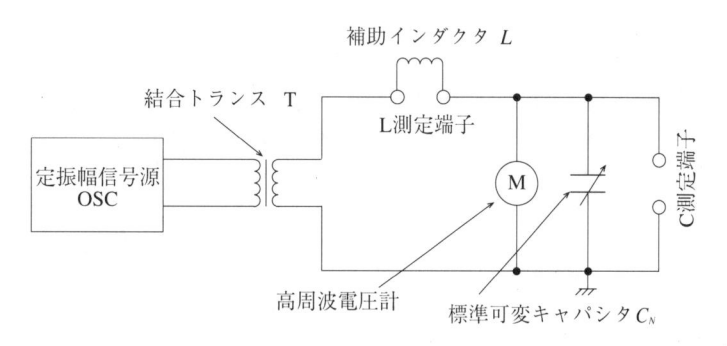

図13 Qメータの基本構成

7.3.2 Qメータによる比誘電率，誘電正接の測定法 電極をQメータに取り付ける前に，周波数を設定し，**図13**のように補助インダクタLをL測定端子に取り付け，標準可変キャパシタC_Nを調整して共振をとり，高周波電圧計Mの振れが最大値を示すときの容量，すなわち共振容量C_{SO}を測定する。次に，電極間に試験片を挿入圧着した平行板対向電極（電極間隔tは試験片の厚さに等しい）をC測定端子，すなわち標準可変キャパシタC_Nと並列に接続した後，標準可変キャパシタC_Nで再び共振をとり，高周波電圧計Mに指示されるQ値（Q_I）を測定する。最後に，試験片を取り去り電極間隔を狭めて共振をとりなおし，このときの電極間隔t_0とQ値（Q_0）を測定する。

試験片の誘電正接が1より十分小さい場合には，その等価直列容量と等価並列容量は等しいとみなせるので，縁端容量を無視すると，比誘電率および誘電正接は，

$$\varepsilon_r = \frac{t}{t_0} \quad \cdots\cdots(44)$$

$$\tan\delta = \frac{C_{SO}}{C_{PX}}\left(\frac{1}{Q_I} - \frac{1}{Q_0}\right) \quad \cdots\cdots(45)$$

より求められる。ここで，C_{PX}は試験片挿入時の電極間等価並列容量$C_{PX} = \varepsilon_0 \varepsilon_r S/t$（$\varepsilon_0$：真空の誘電率，$\varepsilon_r$：

試験片の比誘電率，S：電極対向面積，t：試験片の平均の厚さ）であり，試験片を取り去ったときの電極間容量$C_0 = \varepsilon_0 S/t_0$と等しい。

この測定法は，試験片を試験片と等価直列容量が等しい空気層に置き換える直列置換法（**解説2**）（p.12を参照）であるため，回路の残留インピーダンスの影響が少なく，100MHz程度まで使用できるが，試験片の誘電正接が1に近くなると，$\tan^2\delta$に比例した等価直列容量と等価並列容量の変換誤差が現れる（**3.1.3**参照）。

なお，電極間から試験片を取り去った後，電極間隔を一定に保ったまま標準可変キャパシタC_Nで再び共振をとり，その容量変化量から試験片の比誘電率を測定する並列置換法による測定（**解説17**）も可能であるが，残留インピーダンスの影響が大きくなるので，10MHz以上の高周波数では使用すべきでない。

Qメータ法は，QメータのQの測定確度が高くない上に，電極を接続するためのリード線を短くすることが困難なため，10MHz以上では感度の低下を招きやすい。また，二端子測定であるため縁端効果を避けることが困難な上に，残留インピーダンスが大きくなるので，貼付電極，蒸着電極（**解説6**）（p.22を参照）を使用できず，電極試験片間の残存空げきによる誤差が生じやすい。したがって，測定確度は低周波における三端子法よりかなり劣る。縁端容量の影響を減らす対策（**参考4**）（p.18を参照）が施されていない電極では，測定誤差を減らすために，縁端容量補正（**5.1.1**(2)参照）が必要である。

Qメータの原理による広帯域インピーダンスメータ法もある（**参考9**）。

解説17．Qメータによる並列置換測定

　　試験片を挿入圧着した平行板対向電極をQメータのC測定端子に接続し，標準可変キャパシタC_Nを調整して共振をとったときの容量値C_{SI}とQ値（Q_I）を測定した後，試験片を電極間から取り去り，電極間隔を一定に保ったまま標準可変キャパシタC_Nで再び共振をとり，その容量値C_{SO}とQ値（Q_O）を測定する。試験片の誘電正接が1より十分小さい場合，試験片の等価並列容量は，

$$C_{PX} = C_{SO} - C_{SI} + C_0 \quad\quad\quad\quad\quad\quad\quad\text{(解21)}$$

となり，比誘電率および誘電正接は，

$$\varepsilon_r = \frac{C_{SO} - C_{SI}}{C_0} + 1 \quad\quad\quad\quad\quad\quad\quad\text{(解22)}$$

$$\tan\delta = \frac{C_{SO}}{C_{PX}}\left(\frac{1}{Q_I} - \frac{1}{Q_O}\right) \quad\quad\quad\quad\quad\quad\quad\text{(解23)}$$

より求められる。ここで，C_0は電極間が真空のときの電極間容量で，縁端容量を無視すると，$C_0 = \varepsilon_0 S/t$（ε_0：真空の誘電率，S：電極対向面積，t：電極間隔）である。

参考9．Qメータの原理による広帯域インピーダンスメータの例

　　低周波で用いられる三端子ブリッジ回路は，その残留インピーダンスを除くことが困難であるため，これを高周波測定に用いられるように改良し得る可能性はないが，高周波で用いられる二端子共振回路は，Qの高い，高安定，高インダクタンスの共振用インダクタが製作でき，回路の絶縁物を流れる漏れ電流を防ぐためのガード回路を導入できれば，測定帯域を低周波まで拡張することが可能である。

　　参考図5は，Qメータにこのような改良を施して100Hz～100MHzの広い周波数帯域における測定を可能にするとともに，共振点を簡単な操作で正確に見いだすための位相計を加えた，誘電特性測定用広周波数帯域高安定インピーダンスメータのブロック図である。

　　定振幅正弦波信号源OSCの出力は結合トランスTを介してインダクタLおよび標準可変キャパシタC_Nと電極ERの並列容量からなる共振回路に結合される。共振用インダクタLはタップ付二次巻線を有しており，振幅および位相検波器LD，PDへ電圧を供給する。検波器出力は，それぞれ振幅指示器LMおよび位相計PMに接続されており，振幅の大きさおよび共振点を見いだすのに用いられる。100kHz以下では，共振用インダクタLの高インピーダンス端子電圧を入力とするガード増幅器GAの出力は，標準可変キャパシタC_Nの高インピーダンス端子およびリード線と電極ERをガードするために，これらを支持する絶縁物を支える導体（ガード）に接続される。

　　高周波で正確な並列置換測定を行うためには，被測定アドミッタンスと標準可変キャパシタC_Nはでき得る限り互いに近くに置く必要がある。このため，このインピーダンスメータは標準可変キャパシタC_Nを内蔵せず，標準可変キャパシタC_Nと電極ERを並列にして共振用インダクタLの高インピーダンス端子とアース端子間に外部から接続し，その間で容量の並列置換測定を行うようになっている。また，コンダクタンス測定は，共振曲線の半

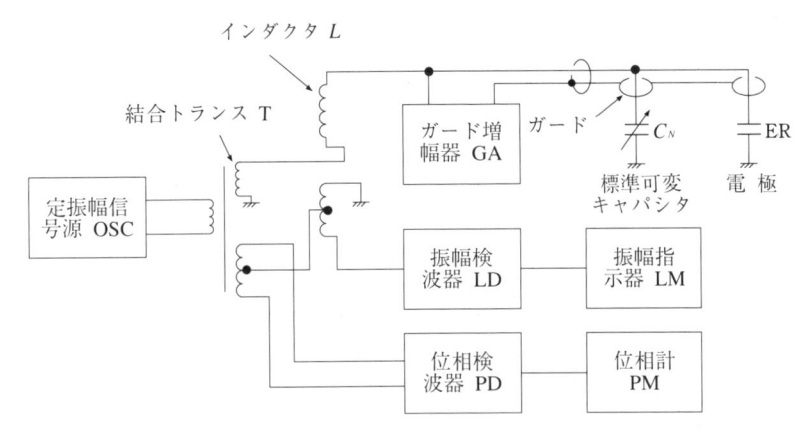

参考図5 広帯域インピーダンスメータ（例）

値幅容量を基準とする容量変化法を用いる(**7.4**参照)。したがって，従来のQメータのような結合抵抗や共振回路への入力電圧の校正を要しない。なお，マイクロメータ電極による誘電特性測定の場合には，電極自体が標準可変キャパシタの役を果たすので標準キャパシタは不要である。

7.4 容量変化法

容量変化法は，高周波における測定の信頼性を高めるために共振曲線の半値幅容量をコンダクタンス標準とする測定法で，数10kHz〜100MHzの比較的高い周波数領域で用いる。半値幅容量の測定を正確に行うために，微小容量変化が測定できるマイクロメータ標準キャパシタが付属した二端子マイクロメータ電極(**図4**参照)を使用する。

Qメータと同様に直列共振回路を用いる。**図13**の回路において，出力振幅が一定な正弦波信号源OSCを用いると，結合トランスTを通してL測定端子に接続された補助インダクタLおよび標準可変キャパシタC_Nで形成される直列共振回路に一定電圧が供給される。電極間に試験片を挿入圧着した平行板対向電極(電極間隔tは試験片の厚さに等しい)を標準可変キャパシタC_Nと並列に接続した後，高周波電圧計Mの振れが最大値を示すように標準可変キャパシタC_Nを調整すると，回路は共振状態になる。このときの電極間電圧V_{OI}を高周波電圧計Mで測定する。次に，電極間から試験片を取り去った後，電極間隔を狭めて共振を取り直し，電極間隔t_0および共振電圧V_{oo}を測定する。最後に電極に付属している半値幅測定用マイクロメータ標準キャパシタを用いて，共振容量の前後で電極間電圧が共振電圧V_{oo}の$1/\sqrt{2}$になる2点の容量を測定し，その差すなわち半値幅容量ΔC_0(**解説9**)(p.30を参照)を求める(**図14**)。試験片の誘電正接が1より十分小さい場合には，比誘電率および誘電正接は，

$$\varepsilon_r = \frac{t}{t_0} \quad \cdots\cdots(46)$$

$$\tan\delta = \frac{\Delta C_0}{2C_{PX}}\left(\frac{V_{oo}}{V_{OI}}-1\right) \quad \cdots\cdots(47)$$

より求められる。ここで，C_{PX}は試験片挿入時の電極間等価並列容量で，縁端容量を無視すると，$C_{PX}=\varepsilon_0\varepsilon_r S/t$($\varepsilon_0$：真空の誘電率，$\varepsilon_r$：試験片の比誘電率，$S$：電極対向面積，$t$：試験片の平均の厚さ)であり，試験片を取り去ったときの正味の電極間容量$C_0=\varepsilon_0 S/t_0$と等しい。

この測定法は，直列置換法(**解説2**)(p.12を参照)であることに加えて，コンダクタンス標準として高周波においても信頼性の高い半値幅容量を用いているので，適切なマイクロメータ電極が得られる場合にはQメータ

図14　容量変化法

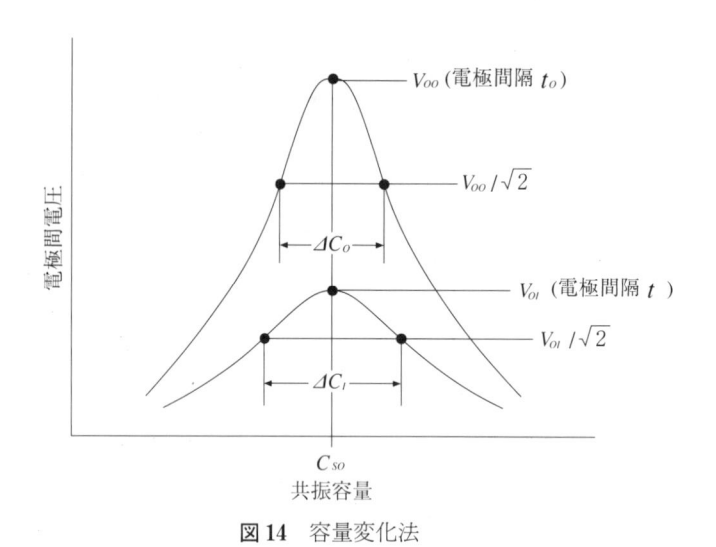

より高確度の測定が行えるが，Qメータ法同様に縁端効果および電極試験片間の残存空げきによる誤差は避けられない。

なお，誘電正接を求めるために，式(47)のように試験片挿入時の共振電圧V_{oI}と試験片除去時の共振電圧V_{oo}を用いる代わりに，試験片挿入時および除去時の半値幅を用いる方法もある(**解説18**)。

解説18．半値幅を2回測定する方法

図13の回路において，電極間に試験片を挿入圧着した平行板対向電極(電極間隔tは試験片の厚さに等しい)を標準可変キャパシタC_Nと並列に接続して共振をとった後，電極付属の半値幅測定用マイクロメータ標準キャパシタを用い，半値幅容量ΔC_Iを測定する。次に，半値幅測定用標準キャパシタを共振時の位置に戻した後，試験片を取り去り，電極間隔を狭めて共振を取り直し，電極間隔t_oおよび半値幅容量ΔC_0を測定する(**図14**参照)。試験片の誘電正接が1より十分小さい場合には，比誘電率および誘電正接は，

$$\varepsilon_r = \frac{t}{t_o} \quad \cdots\cdots(\text{解}24)$$

$$\tan\delta = \frac{\Delta C_I - \Delta C_0}{2C_{PX}} \quad \cdots\cdots(\text{解}25)$$

より求められる。ここで，C_{PX}は試験片挿入時の電極間等価並列容量で，縁端容量を無視すると，$C_{PX} = \varepsilon_0\varepsilon_r S/t$($\varepsilon_0$：真空の誘電率，$\varepsilon_r$：試験片の比誘電率，$S$：電極対向面積，$t$：試験片の平均の厚さ)であり，試験片を取り去ったときの実効電極間容量$C_0 = \varepsilon_0 S/t_o$と等しい。

この方法は，誘電正接が小さくなると，ΔC_IとΔC_0の差が小さくなり，測定誤差が大きくなるので，低損失試料の測定には向かない。

7.5　間げき変化法

間げき変化法は，電極試験片間の残存空げきによる誤差を除くために，空げきの存在を考慮に入れて測定する直列置換法(**解説2**)(p.12を参照)で，数10Hz～数100MHzの広い周波数で使用できる。低周波では，交流ブリッジを検出器とし，電極間隔の調整が可能なガードリング付三端子マイクロメータ電極を用い，高周波では，Qメータなどのインピーダンス測定器を検出器とし，二端子マイクロメータ電極を用いる。

図15(a)のように，平行板対向電極間に平均の厚さtの試験片を挿入し，電極，試験片間に100～200μm程度の任意の空げきが残るように電極間隔t_Iを設定する。この電極を，交流ブリッジあるいはQメータなどのインピーダンス測定器に接続し，電極間等価並列容量と電極間誘電正接$\tan\delta_I$を測定する。次に，図15(b)のように，試験片を取り去った後，電極間隔を狭めることによって，元の容量と等しくなるように調整し，このときの電極間隔t_oと電極間誘電正接$\tan\delta_0$を測定し，$\Delta t_A = t_I - t_o$および$\Delta\tan\delta = \tan\delta_I - \tan\delta_0$を求める。試験片の誘電正接が

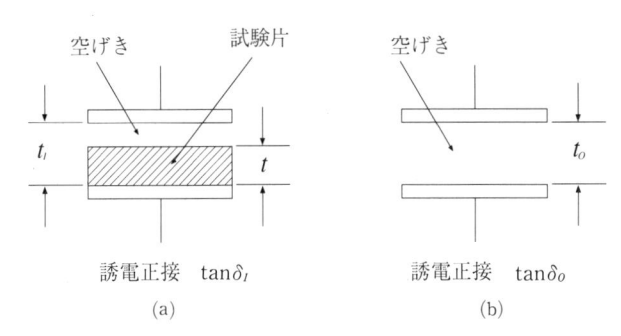

図15 間げき変化法

（a）   （b）

1より十分小さく，縁端容量が無視し得る場合，比誘電率および誘電正接は，

$$\varepsilon_r = \frac{t}{t-\Delta t_A} \quad \text{……………………………………(48)}$$

$$\tan\delta = \frac{t_o}{t-\Delta t_A}\Delta\tan\delta \quad \text{……………………………………(49)}$$

より求められる。

　間げき変化法は，貼付電極，蒸着電極を使用する必要がないので，測定が迅速，容易に行えるばかりでなく，試験片を試験片と等価直列容量が等しい空気層に置き換える直列置換法であるため，電極，リード線の残留インピーダンスの影響がなく，高周波における測定にも適している。低周波においてガードリング付三端子電極を用いた場合，比誘電率の測定確度は試験片の平均の厚さの測定確度によって決まるので，平均の厚さを正確に求めれば高い測定確度が得られる。高周波においては，二端子電極を用いるので，縁端容量の影響を減らす対策（**参考4**）(p.18を参照）が施されていない電極では，縁端効果のために測定確度は低下する。また，Qメータを検出器とした場合は，高周波におけるコンダクタンス標準の不確実さが誘電正接測定の誤差になる。

7.6　液体置換法

　平行板対向電極間に，誘電正接が小さく比誘電率が既知で試験片に近い標準液を満たし，この電極間に試験片を浸漬したときの電極間容量および誘電正接の変化を測定して，試験片の比誘電率，誘電正接を求める方法である。試験片挿入による電極間インピーダンス変化が少なく漂遊容量の影響が少ない上に，電極，試験片間の空げきの影響がないので，適切な液体を標準液に選んだ場合には，低周波から比較的高い30MHz程度の周波数まで極めて高い確度の測定が行える。電極には液体置換法用セル（**解説7**）(p.22を参照）が用いられる。

　電極を低周波では交流ブリッジ，高周波ではQメータなどのインピーダンス測定器に接続し，セルが空のときの電極の正味の静電容量C_oを測定（**7.8**参照）した後，誘電正接が小さく比誘電率ε_{rF}が既知で試験片に近い標準液を満たし，その誘電正接$\tan\delta_F$を測定しておく。次に，間隔t_oの電極間を満たした標準液中に平均の厚さtの試験片を浸漬し，電極間容量増加量ΔC_Pおよび誘電正接増加量$\Delta\tan\delta$を測定する。試験片および標準液の誘電正接が1より十分小さい場合，比誘電率および誘電正接は，

$$\varepsilon_r = \varepsilon_{rF} + \frac{\Delta C_P}{\dfrac{C_o t}{t_o} - \Delta C_P\left(1-\dfrac{t}{t_o}\right)\dfrac{1}{\varepsilon_{rF}}} \quad \text{……………………………(50)}$$

$$\tan\delta = \tan\delta_F + \Delta\tan\delta\left(1 + \frac{\varepsilon_r}{\varepsilon_{rF}}\frac{t_o-t}{t}\right) \quad \text{……………………………(51)}$$

より求められる。なお，試験片と標準液の比誘電率が近いときは，式(50)および式(51)は，

$$\varepsilon_r = \varepsilon_{rF} + \frac{\Delta C_P}{C_0} \frac{t_o}{t} \quad \cdots\cdots\cdots\cdots\cdots\cdots\cdots\cdots\cdots\cdots\cdots\cdots\cdots\cdots (52)$$

$$\tan\delta = \tan\delta_F + \frac{t_o}{t} \Delta\tan\delta \quad \cdots\cdots\cdots\cdots\cdots\cdots\cdots\cdots\cdots\cdots\cdots (53)$$

となる。式(52)から明らかなように，試験片と標準液の比誘電率が近いときは，右辺第2項は第1項よりかなり小さくなるので，ΔC_P, C_0, t, t_o の測定誤差は比誘電率 ε_r に大きな影響を与えず，正確な測定結果が得られる。

高確度の測定を行うには，電極間隔の80％程度の厚さの試験片を準備し，損失が小さく，試験片の比誘電率に対して差が10％以内の比誘電率を有する液体を標準液とすること，液体は比誘電率の温度係数が大きいので，温度を正確に測定することが大切である。

比誘電率3程度までの試料の測定には，標準液として無損失とみなせる無水ベンゼン，あるいはこれと比誘電率の近い低損失の低粘度（1×10^{-6} m^2/s）シリコーンオイルが使用される（**参考6**）（p.31を参照）。

液体置換法には，平均の厚さ t を測定する代わりに，比誘電率の異なる2種類の標準液を用いる方法（**解説19**）もあるが，測定が繁雑になる。

解説19. 比誘電率の異なる2種類の液体を用いる方法

平行板対向電極が納められたセル（**解説図5**）に比誘電率 ε_{rF1} の標準液を満たし，電極間容量と誘電正接を測定する。次に，標準液の満たされた電極間に試験片を挿入し，このときの電極間容量 C_{P1} およびその誘電正接 $\tan\delta_{o1}$ を測定し，試験片挿入による容量増加量 ΔC_{P1} および誘電正接増加量 $\Delta\tan\delta_{o1}$ を求める。最後に，比誘電率 ε_{rF2} の標準液に入れ換え，電極間に再び試験片を挿入し，このときの電極間容量 C_{P2} および試験片浸漬による容量増加量 ΔC_{P2} を測定する。このときは誘電正接の測定は必要ない。標準液および試験片の誘電正接が1より十分小さく，縁端容量が無視し得る場合，試験片の比誘電率および誘電正接は，

$$\varepsilon_r = \varepsilon_{rF1} + \frac{(\varepsilon_{rF2}-\varepsilon_{rF1})}{1 - \dfrac{\Delta C_{P2}}{C_{P2}} \cdot \dfrac{\Delta C_{P1}}{C_{P1}}} \quad \cdots\cdots\cdots\cdots\cdots\cdots (\text{解}26)$$

$$\tan\delta = \tan\delta_{o1} + \frac{\varepsilon_r C_0 - C_{P1}}{\Delta C_{P1}} \Delta\tan\delta_{o1} \quad \cdots\cdots\cdots\cdots\cdots\cdots (\text{解}27)$$

より求められる。ここで，C_0 は電極間が真空のときの電極間容量で，縁端容量を無視すると，$C_0 = \varepsilon_0 S/t$（ε_0：真空の誘電率，S：電極対向面積，t：電極間隔）である。

比誘電率 ε_r および誘電正接 $\tan\delta$ を求める式(解26)および式(解27)は，いずれも試験片の厚さを含まないので平均の厚さを測定する必要がない。

なお，正確な測定を行うためには，2種類の標準液の一方は比誘電率が試験片より小さく，他方は大きいことが望ましく，試験片の比誘電率が1に近いときには，比誘電率が小さいほうの標準液の代わりに空気を用いてもよい。

7.7 測定法の組合せ

間げき変化法は，電極，試験片間の空げきを考慮した測定法であり，空げきが誤差の原因にならないが，高周波においてコンダクタンス標準の不確実さが誘電正接測定の誤差の原因になる。これに対し，容量変化法は半値幅容量をコンダクタンス標準に用いているので，高周波まで使用できるが，電極，試験片間の残存空げきが誤差の原因になる。これら二つの測定法を組み合わせた方法により，縁端容量の影響が少ないマイクロメータ電極（**参考4**）（p.18を参照）を用いて測定を行うと，残存空げきの影響もなくなるばかりでなく，確定することの困難な電極間隔，電極面積を知る必要もなくなり，コンダクタンス標準として半値幅容量を用いるので，低周波から高周波に至る広い周波数範囲において高確度の測定が可能になる。この二つの測定法を組み合わせた方法の比誘電率の測定確度は，試験片の平均の厚さの測定確度によって決まるが，これに液体置換法を導入すると，試験片の平均の厚さを測る必要もなくなり，測定確度はさらに高くなる（**解説20**）。

解説20. 組合せの例
(1) **半値幅法を導入した間げき変化法**　　間げき変化法と容量変化法を組み合わせた共振法による直列置換測定法で，二端子電極(**参考4**)(p.18を参照)を広帯域インピーダンスメータ(**参考9**)(p.46を参照)あるいはQメータなど共振法によるインピーダンス測定器に接続して測定する。電極間隔変化量を精密に調整でき，試験片の挿入，電極間隔の調整によって縁端容量がほとんど変化しない電極(**参考4**)(p.18を参照)が必要で，**解説図16**の平均の厚さ測定機構付電極を用いると，より高確度の測定ができる。

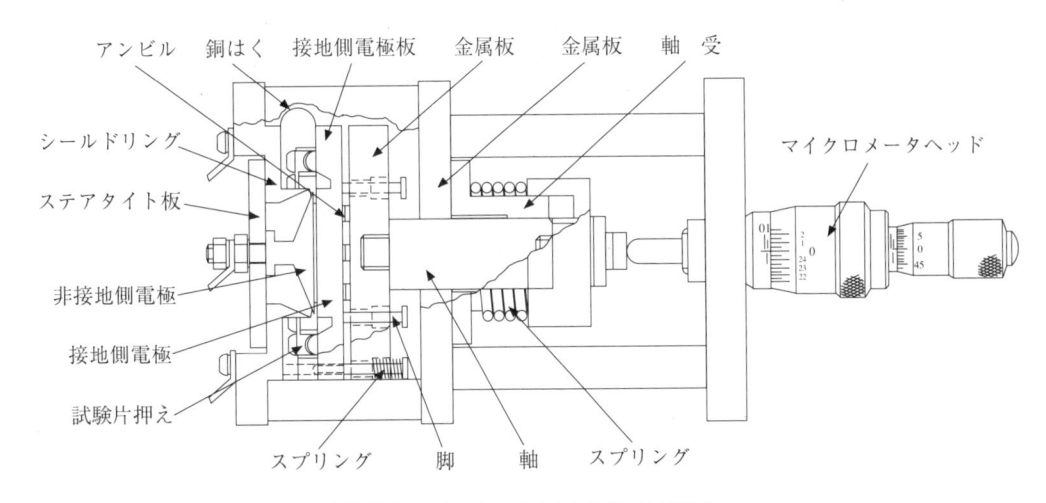

解説図16　平均の厚さ測定機構付電極

平行板対向電極間に板状試験片を挿入し，100〜300μmの任意の空げきが残るように電極間隔t_1を設定する。この電極をLC共振回路のキャパシタと並列に接続し，キャパシタの容量を調整して共振をとった後，共振電圧V_{OI}を測定する。次に，試験片を取り去り電極間隔を狭めることによって再び共振をとり，共振電圧V_{OO}と電極間隔t_0を測定し，間げき変化量$\Delta t_A = t_1 - t_0$を求める。続いて電極間隔を変化させ，共振点の両側において共振電圧V_{OO}の$1/\sqrt{2}$の大きさの電圧を生じる2点間の間げき変化量Δt_O(半値幅容量に対応する)を測定する(**解説図17**参照)。試験片の平均の厚さをtとすれば，比誘電率および誘電正接は，

$$\varepsilon_r = \frac{t}{t - \Delta t_A} \quad \cdots\cdots\cdots\cdots\cdots (解28)$$

$$\tan\delta = \frac{\Delta t_O}{2(t - \Delta t_A)}\left(\frac{V_{OO}}{V_{OI}} - 1\right) \quad \cdots\cdots\cdots\cdots\cdots (解29)$$

より求められる。

式(解28)および式(解29)から明らかなように，正確に把握することの困難な電極間隔および電極面積を測定する必要がない。また，比誘電率は長さの比$\Delta t_A/t$，誘電正接は長さの比と電圧の比$\Delta t_O/t$，$\Delta t_A/t$とV_{OO}/V_{OI}で決まる。したがって，Δt_O，Δt_A，tを同一の測長機構，たとえば平均の厚さ測定機構付電極(**解説図16**)で測定すれば，測長器および電圧計には直線性が要求されるのみで，その絶対値の誤差は確度に影響を及ぼさなくなる。また，

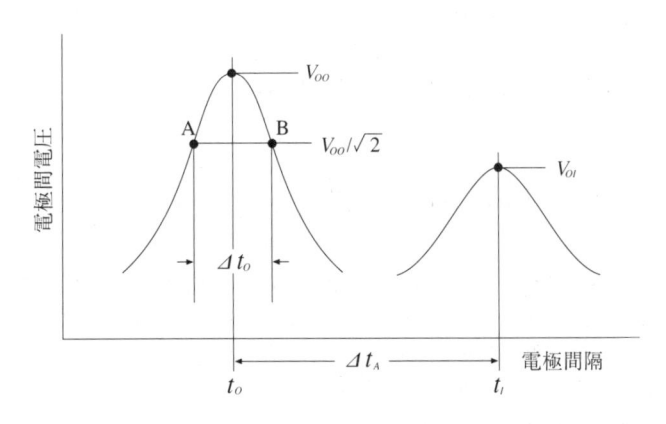

解説図17　半値幅法を導入した間げき変化法

試験片挿入時と除去時の電極間リアクタンスを等しくして測定する上に，コンダクタンス，リアクタンス標準として抵抗，容量を用いていないので高周波においても残留インピーダンスの影響がなく，電極，試験片間に生じる空げきの影響もないので，試験片に電極を貼付，蒸着する必要もない。したがって，従来の測定法に比較すると誤差が著しく少なくなり，測定時間も大幅に短縮できる。広帯域インピーダンスメータ(**参考9**)(p. 46を参照)を検出器とした場合，100Hz～100MHzの広い周波数帯域において高確度測定が可能である。

(2) **液浸間げき変化法**　半値幅法を導入した間げき変化法の比誘電率測定確度は，主に試験片の平均の厚さの測定確度に支配される。この測定法に液体置換法を加えて，試験片の平均の厚さ測定を不要にしたのが液浸間げき変化法で，100Hz～100MHzの広い周波数帯域において，比誘電率が3以下の場合については，比誘電率0.2%，誘電正接3%の高確度が得られる。

　　セル中に納められた縁端容量変化の少ない二端子電極(**参考4**)(p. 18を参照)と広帯域インピーダンスメータ(**参考9**)(p. 46を参照)あるいはQメータなどの共振法によるインピーダンス測定器を用い，半値幅法を導入した間げき変化法と同じように，間げき変化量Δt_A，半値幅容量に対応する間げき変化量Δt_0，試験片挿入および除去時の電圧比V_{oo}/V_{ol}を測定する。次にセルに比誘電率ε_{rF}が既知の標準液を満たし，この中で，同様の測定を行い，間げき変化量Δt_Fを測定する。比誘電率および誘電正接は，

$$\varepsilon_r = \frac{\varepsilon_{rF}\Delta t_A - \Delta t_F}{\Delta t_A - \Delta t_F} \quad\cdots\cdots(解30)$$

$$\tan\delta = \frac{\varepsilon_{rF}-1}{2}\frac{\Delta t_0}{\Delta t_A - \Delta t_F}\left(\frac{V_{oo}}{V_{ol}}-1\right) \quad\cdots\cdots(解31)$$

より求められ，平均の厚さも，

$$t = \frac{\varepsilon_{rF}\Delta t_A - \Delta t_F}{\varepsilon_{rF}-1} \quad\cdots\cdots(解32)$$

より求められる。

7.8　液体試料の測定

　低周波では三端子セルを交流ブリッジ，高周波では二端子セルをQメータなどのインピーダンス測定器に接続して試料液を満たし，正味電極間等価並列容量および等価並列コンダクタンスを測定して，比誘電率および誘電正接を求める(**5.1.2**参照)。この他に，試料液を満たしたセル中に電極間隔を調整できる平行板対向マイクロメータ電極を入れ，電極間に比誘電率，誘電正接が既知の固体板状標準片を入れることによって，低周波から高周波に至る広い周波数帯域において正確な測定を行う方法がある(**解説21**)。

解説21. 固体置換法

　　固体置換法は，固体標準片を基準として液体試料を測定する方法で，固体試験片の測定を行う液浸間げき変化法(**解説20**(2))(p. 52を参照)と同じ測定具，すなわちセルに納められた電極(**参考4**)(p. 18を参照)と広帯域インピーダンスメータ(**参考9**)(p. 46を参照)を用いる。直列置換法であるため残留インピーダンスの影響が少なく，100Hz～100MHzの広い周波数帯域において，比誘電率0.5%，誘電正接5%の高確度が得られる。

　　石英，アルミナのような安定で損失の少ない材料で作られた固体標準片を用意し，比誘電率ε_{rN}，誘電正接$\tan\delta_N$および平均の厚さt_Nを液浸間げき変化法によって測定しておき，この標準片を用いて**解説20**(1)(p. 51を参照)の容量変化法を導入した間げき変化法と同じ手順の測定を試料液の中で行う。すなわち，セルに試料液を満たした後，電極間に上述の標準片を挿入して，試料液中における標準片挿入時の共振電圧V_{ol}を測定する。次に，標準片を取り出し電極間隔を調整して共振をとりなおしたときの間げき変化量Δt_L，共振電圧V_{oo}および半値幅容量に対応する間げき変化量Δt_{oL}を測定する。試料液の比誘電率および誘電正接は，

$$\varepsilon_r = \frac{1-\Delta t_L}{t_N}\varepsilon_{rN} \quad\cdots\cdots(解33)$$

$$\tan\delta = \tan\delta_N - \frac{\Delta t_{oL}}{2(t_N-\Delta t_L)}\left(\frac{V_{oo}}{V_{ol}}-1\right) \quad\cdots\cdots(解34)$$

より求められる。

　　この測定法は，測定中試料液がセルに入ったままになっており，試料液と標準片が置換される場所が平行板対向電極間に限定されている。したがって，二端子電極を用いても，並列置換法(**7.8.2**参照)で電極間の空気を試料液と置換する場合のような電気力線分布の大きな変化はなく，系統誤差を生じない。標準片としては，熱膨張係数が小さく，変形しにくく，損失が少なく，比誘電率，誘電正接の安定な溶融石英，アルミナなどが用いられる。

7.8.1　低周波における測定(三端子法)

三端子セル(**図5**参照)はガードによって漂遊アドミッタンスが除

去されるので，比誘電率ε_rの液を満たしたとき，セルの端子間等価並列容量C_{PX}はセルが空のときの容量C_Oのε_r倍になる。

シェーリングブリッジあるいは変成器ブリッジのような三端子測定の行えるインピーダンス測定器にセルを接続して空の容量C_Oを測定し，次いで試料液をガード電極の下端を十分超えるまで満たした後，等価並列容量C_{PX}および等価並列コンダクタンスG_{PX}を測定する。空の三端子セルは無損失で，電極間等価並列コンダクタンスは零とみなせるので，角周波数をωとすると，試料液の比誘電率および誘電正接は，

$$\varepsilon_r = \frac{C_{PX}}{C_O} \quad\quad\quad\quad\quad\quad\quad\quad (54)$$

$$\tan\delta = \frac{G_{PX}}{\omega C_{PX}} \quad\quad\quad\quad\quad\quad\quad\quad (55)$$

より求められる（**解説22**）。

解説22．三端子セルを用いた測定の確度
　液体は固体に比べて比誘電率の温度係数がかなり大きいので温度を正確に測定，記録することが大切である。高い確度を要求される場合は，セルを恒温槽に入れ，セル全体の温度を±0.1℃以内に保つ。また，試料液を満たす際，気泡が残らないように注意する。以上の注意を守れば，低周波における液体の比誘電率の測定は極めて正確に行え，容易に±0.1%の確度が得られる。

7.8.2　高周波における測定（二端子法）　高周波においては，二端子セル（図6参照）を用いるが，三端子セルと異なり，セルが空のときの電極の正味の静電容量C_Oと，電極を支持する絶縁物およびリード線の漂遊容量C_Dおよび漂遊コンダクタンスG_Dが並列になっており，試料の測定に先立ってこれらを分離，確定する必要がある。

C_OとC_DおよびG_Dの測定は次の手順で行われる。まず，空のセルをQメータなどのインピーダンス測定器に接続して，測定器入力端子からセルを見た等価並列容量$C_{PO} = C_O + C_D$およびその漂遊コンダクタンスG_Dを測定する。次に，セルに比誘電率ε_{rR}が既知の標準液を満たし，同様に測定器入力端子から見た等価並列容量$C_{PR} = \varepsilon_{rR}C_O + C_D$を測定する。電極が空のときの静電容量$C_O$および漂遊容量$C_D$は，

$$C_O = \frac{C_{PR} - C_{PO}}{\varepsilon_{rR} - 1} \quad\quad\quad\quad\quad\quad\quad\quad (56)$$

$$C_D = \frac{\varepsilon_{rR}C_{PO} - C_{PR}}{\varepsilon_{rR} - 1} \quad\quad\quad\quad\quad\quad\quad\quad (57)$$

より求められる。

試料液の測定に際しては，試料液をセルに満たし，測定器入力端子から見た等価並列容量C_{PI}および等価並列コンダクタンスG_{PI}を測定し，

$$\varepsilon_r = \frac{C_{PI} - C_D}{C_O} \quad\quad\quad\quad\quad\quad\quad\quad (58)$$

$$\tan\delta = \frac{G_{PI} - G_D}{\omega(C_{PI} - C_D)} \quad\quad\quad\quad\quad\quad\quad\quad (59)$$

より，比誘電率および誘電正接を求める（**解説23**）。

解説23．二端子セルを用いた測定の確度
　この方法は電極を支持する絶縁物およびリード線の容量，すなわち漂遊容量C_Dおよび漂遊コンダクタンスG_Dの安定性が測定確度に影響を与えるので，測定器とセルはでき得る限り短い同軸ケーブルで結び，測定中にセルを動かさないように注意しなければならない。二端子電極は，電極間の空気を試料液と置換する際に電気力線分布が変化するため，電極の正味静電容量は，試料液を入れたことによって正確に比誘電率倍にならないばかりで

なく，電極自体の損失も変化する。また，並列置換法であるために，残留インピーダンスの影響で周波数の上昇とともに誤差が増大し，10MHz以上の高周波では低周波における三端子電極を用いた測定ほどの確度は期待できない。

8. 記録方法

試験結果の記録には，材料，試験片，試験条件，試験方法などに関する事項，誘電率および誘電正接の測定値を記載するものとする(**参考10**)。

参考10. 試験結果の記録および報告事項
試験結果の記録および報告事項としては，試験の対象となる材料ごとの規定があればそれに従い，必要に応じて次の事項が含まれる。
(1) 材料の種類(名称，種別，等級，色別，製造者名)
(2) 試験片の前形状および寸法
(3) 電極の形状，材料および寸法
(4) 試験片の前処理(クリーニングの方法，予備乾燥，処理温度，処理湿度，処理時間)
(5) 試験条件(試験周波数および試験電圧，試験片の温度，雰囲気の相対湿度)
(6) 測定回路
(7) 測定方法
(8) 試験片の容量測定値
(9) 試料の誘電率および誘電正接

Ⓒ 電気学会電気規格調査会 2000
電気規格調査会標準規格

JEC-6150
電気絶縁材料の誘電率および誘電正接試験方法通則

1991年12月25日　　　第1版第1刷発行
2000年 5月30日　　　改訂第1版第1刷発行

編　者　電気学会電気規格調査会

発行者　田　中　久米四郎

発　行　所
株式会社　電　気　書　院

振替口座　00190-5-18837
東京都渋谷区富ケ谷2丁目2-17
〒151-0063　電話(03)3481-5101(代表)

印刷所　　松浦印刷株式会社

落丁・乱丁の場合はお取り替え申し上げます。

⟨Printed in Japan⟩